Études de l'OCDE sur la croissance verte

Promouvoir la croissance verte en agriculture

RÔLE DE LA FORMATION, DU CONSEIL ET DE LA VULGARISATION

Cet ouvrage est publié sous la responsabilité du Secrétaire général de l'OCDE. Les opinions et les interprétations exprimées ne reflètent pas nécessairement les vues officielles des pays membres de l'OCDE.

Ce document et toute carte qu'il peut comprendre sont sans préjudice du statut de tout territoire, de la souveraineté s'exerçant sur ce dernier, du tracé des frontières et limites internationales, et du nom de tout territoire, ville ou région.

Merci de citer cet ouvrage comme suit :
OCDE (2015), *Promouvoir la croissance verte en agriculture : Rôle de la formation, du conseil et de la vulgarisation*, Études de l'OCDE sur la croissance verte, Éditions OCDE, Paris.
http://dx.doi.org/10.1787/9789264235168-fr

ISBN 978-92-64-23513-7 (imprimé)
ISBN 978-92-64-23516-8 (PDF)

Série : Études de l'OCDE sur la croissance verte
ISSN 2222-9531 (imprimé)
ISSN 2222-954X (en ligne)

Les données statistiques concernant Israël sont fournies par et sous la responsabilité des autorités israéliennes compétentes. L'utilisation de ces données par l'OCDE est sans préjudice du statut des hauteurs du Golan, de Jérusalem-Est et des colonies de peuplement israéliennes en Cisjordanie aux termes du droit international.

Les corrigenda des publications de l'OCDE sont disponibles sur : *www.oecd.org/about/publishing/corrigenda.htm.*

Avant-propos

L'investissement dans les connaissances pour favoriser l'adoption de pratiques respectueuses de l'environnement est généralement considéré comme un facteur déterminant des processus d'innovation dans le secteur de l'agriculture. Mais l'évolution des situations nationales et mondiale a entraîné une modification radicale de l'orientation des services de conseil, de leur organisation et de leurs modes d'intervention. Le présent rapport étudie le rôle, les performances et l'impact des services de conseil agricole, ainsi que les initiatives relatives à la formation et à la vulgarisation prises dans les pays de l'OCDE pour favoriser la croissance verte dans l'agriculture. Il examine également les avantages associés à différents types de prestataires et évoque le cas de certains pays membres de l'OCDE.

L'évaluation de l'impact des services de conseil agricole, de la formation et des mesures de vulgarisation sur la croissance verte soulève de nombreuses questions de méthode, mais leurs résultats et leur efficacité globale ont été peu évalués. Cependant, une des principales conclusions de ce rapport est qu'il n'existe pas de méthodologie d'évaluation unique et générale et que toute évaluation des impacts de ces mesures devrait prendre en compte tous les acteurs qui fournissent des services de conseil, de formation et de vulgarisation agricoles, car ils font partie d'un système de connaissance et d'innovation agricoles plus large qui est une source d'interactions entre de multiples parties prenantes.

Ce rapport s'inscrit dans le cadre des travaux de l'OCDE sur la croissance verte, qui soulignent l'importance de la recherche, des activités de développement, de l'innovation, de l'éducation, des services de vulgarisation et de l'information pour accroître durablement la productivité. Il a été établi par la Direction des échanges et de l'agriculture de l'OCDE et a été déclassifié par le Groupe de travail mixte sur l'agriculture et l'environnement de l'OCDE en janvier 2015.

Dimitris Diakosavvas, qui a dirigé le projet, est l'auteur principal de ce rapport. Le chapitre 5 s'appuie sur des documents de référence préparés par des consultants pour les cinq études de cas : Bruce Kefford et Clive Noble (Australie), Rivellie Tschuisseu et Pierre Labarthe (Canada), Janet Dwyer et Matt Reed (Angleterre et Pays de Galles), Dimitris Damianos (Grèce) et Brian Bell et Michael Yap (Nouvelle-Zélande). Un autre document préparé par Clunie Keenleyside a également contribué au présent rapport. Les commentaires et les révisions fournis par des collègues de l'OCDE ont également été appréciés et pris en compte, notamment ceux de Nathalie Girouard, Justine Garrett et Annabelle Mourougane. Françoise Bénicourt a fourni une assistance de secrétariat très précieuse tout au long du processus de production et a également préparé la publication du rapport. Véronique de Saint-Martin a contribué à sa traduction en français et Michèle Patterson a coordonné sa production.

Table des matières

Tableaux

Graphiques

Résumé

Principales conclusions

Les services de conseil agricole, la formation et les mesures de vulgarisation jouent un rôle clé en ce qu'ils encouragent la croissance verte dans l'agriculture et permettent aux agriculteurs de s'atteler à de nouveaux défis, tels que l'adoption de pratiques agricoles respectueuses de l'environnement et le renforcement de leur compétitivité. Ces services bénéficient actuellement d'un regain d'intérêt dans de nombreux pays.

Le présent document étudie l'investissement dans les services de conseil agricole, la formation et les mesures de vulgarisation dans les pays de l'OCDE et examine le recours à différents types de prestataires et les avantages qui leur sont associés, que cela soit isolément ou conjointement. Il présente des lignes directrices et des recommandations sur les meilleures pratiques, et résume les caractéristiques des mesures de conseil, de formation et de vulgarisation qui réussissent à favoriser la croissance verte. Il examine ensuite plus en détail l'investissement dans les connaissances visant à appuyer les pratiques agricoles respectueuses de l'environnement dans certains pays de l'OCDE, à savoir l'Angleterre et le Pays de Galles, l'Australie, le Canada, la Grèce et la Nouvelle-Zélande.

Dans le contexte de la croissance verte, les services de conseil, de formation et de vulgarisation remplissent deux fonctions principales : i) offrir des incitations aux agriculteurs en les sensibilisant aux avantages éventuellement liés à ces différents services tout en préservant ou en améliorant le rendement économique de l'exploitation (rôle économique) ; et ii) encourager et faciliter l'adoption de pratiques de gestion agroenvironnementale des terres adéquates et maximiser ainsi les effets positifs pour l'environnement (rôle environnemental). Ces services présentent une grande diversité dans les pays de l'OCDE, s'agissant de la manière dont ils sont fournis et financés.

Les mesures de conseil, de formation et de vulgarisation actuellement appliquées dans la zone OCDE afin de favoriser une gestion agroenvironnementale couvrent un large éventail d'objectifs environnementaux et de modes d'organisation envisageables dans le cadre d'une exploitation agricole. Les différences constatées ont trait à leur portée, à leur application, aux méthodes de financement et aux structures d'organisation.

Le nombre de prestataires susceptibles d'apporter un appui à la gestion de l'environnement sur l'exploitation est également considérable. On citera notamment : les services publics de vulgarisation et de conseil (agricoles et environnementaux) ; les intermédiaires et les conseillers employés directement par les agriculteurs ; les associations d'agriculteurs et les groupes de producteurs ; les prestataires spécialisés dans les services liés à l'environnement, y compris les organisations non gouvernementales (ONG) ; les organismes prenant part à la mise en œuvre et au contrôle (vérification de la conformité) des interventions agro-environnementales appuyées par des mesures de conseil ; et les coopératives et groupes informels d'entraide et de pairs créés par les bénéficiaires.

En ce qui concerne le financement et la fourniture de services de conseil agricole, plusieurs possibilités existent sur le plan institutionnel. Toutes présentent des avantages et des inconvénients, aussi est-il primordial que l'évaluation des services existants tienne compte des particularités de chaque pays de manière à définir l'éventail de mesures le plus efficace et économe et le plus à même de favoriser la stratégie de développement agricole et la diversité des exploitations du pays ciblé.

Les modifications apportées à l'orientation, à l'organisation et aux méthodes de prestation des services de conseil, de formation et de vulgarisation agricoles ont produit des résultats contrastés. D'une part, l'intensification des transactions entre les agriculteurs et les prestataires a permis d'instaurer un système d'échange et de partage des connaissances, qui commence à s'étendre au monde de la recherche. D'autre part, certains groupes d'agriculteurs, et plus particulièrement les petits exploitants, expriment des préoccupations concernant, notamment, la disponibilité et l'accessibilité de ces services. Néanmoins, les connaissances présentent toujours des lacunes dans certains domaines, comme l'efficacité des pratiques agro-écologiques, par exemple.

Bien que la valeur de ces services soit de plus en plus reconnue dans les pays de l'OCDE, leurs résultats ainsi que leur efficacité et leur efficience globales ont été peu évalués. Les études consacrées à ces mesures sont généralement qualitatives et se fondent principalement sur des « instantanés » ainsi que sur des entretiens et des enquêtes impliquant peu de participants.

Compte tenu de l'insuffisance des données disponibles issues de la recherche, il est difficile d'appréhender l'efficacité des différentes formes de formation, de conseil et de vulgarisation. De ce fait, les décisions en matière d'investissements publics et privés reposent sur peu d'éléments factuels, ce qui porte à croire que leur rentabilité ne sera pas nécessairement optimale.

L'évaluation peut être délicate. Les principaux obstacles tiennent à la multiplicité des objectifs, aux problèmes d'attribution, aux effets différés, aux effets d'entraînement, aux problèmes de données, à l'érosion de l'échantillon et aux difficultés liées à l'établissement de données de référence. Étant donné que de nombreux facteurs influencent les performances agricoles de manière complexe et parfois contradictoire, il est difficile de quantifier la relation entre les services de conseil, de formation et de vulgarisation et leurs répercussions au niveau des exploitations agricoles. Les processus de prise de décision des agriculteurs sont très aléatoires, ce qui rend plus difficile l'évaluation de l'effet des services de conseil, de la formation et de la vulgarisation sur les décisions agricoles.

Du fait de ces difficultés méthodologiques et de la grande diversité des démarches suivies dans les pays de l'OCDE, il n'est pas possible d'évaluer avec précision si les dispositifs de conseil, de formation et de vulgarisation agricoles permettent globalement de favoriser la croissance verte. De nombreux facteurs spécifiques, tels que les critères à satisfaire pour pouvoir bénéficier de services de conseil, affectent l'efficacité de ces dispositifs. Les observations issues des études de cas réalisées en Australie, en Angleterre et au Pays de Galles ainsi qu'en Nouvelle-Zélande montrent néanmoins que ces dispositifs sont indispensables à la transition vers une agriculture durable : ils induisent en effet des améliorations non négligeables en termes de retour sur investissement, de productivité et de la qualité de l'environnement, même si ce dernier point est plus difficile à quantifier.

Quelques recommandations préliminaires

- Il convient que les dispositifs de conseil, de formation et de vulgarisation soient ciblés et que leurs objectifs soient clairement définis en ce qui concerne leur rôle dans la panoplie de mesures.
- Crédibilité, pertinence, et services professionnels perspicaces et d'actualité de conseil, de formation et de vulgarisation sont autant d'éléments indispensables pour

convaincre les agriculteurs d'adopter des pratiques favorisant la croissance verte et leur permettre de parvenir à cet objectif.

- Aussi bien le financement public que le financement privé des services de conseil, de formation et de vulgarisation ont un rôle à jouer, en fonction des politiques publiques et des ressources disponibles, de la nature des problèmes, des prestataires et des objectifs des mesures.
- Il sera indispensable que les organismes responsables des activités de conseil, de formation et de vulgarisation visant à favoriser une gestion agro-environnementale soient bien coordonnés, qu'ils atteignent efficacement des groupes d'agriculteurs et des activités agricoles de natures différentes et soient en mesure de fournir une gamme complète de services.
- Il n'existe aucune méthodologie ou démarche d'évaluation *unique* et générale. L'évaluation de l'impact des services de conseil agricole doit tenir compte de tous les acteurs concernés.

Chapitre 1

Évaluation et recommandations

Ce chapitre propose des principes directeurs et des pratiques optimales visant à améliorer l'efficacité des dispositifs de conseil, de formation et de vulgarisation pour atteindre les objectifs de croissance verte dans le secteur agricole.

Comment pourra-t-on utiliser au mieux les dispositifs de conseil, de formation et de vulgarisation ?

Ce rapport illustre la diversité des services de conseil, de la formation et des actions de vulgarisation agricoles axés sur la gestion agro-environnementale qui sont utilisés aujourd'hui dans les pays de l'OCDE. Il montre comment les objectifs, méthodes, organismes d'exécution et sources de financement ont évolué et continuent de changer. Deux grandes tendances se dégagent, qui traduisent toutes deux le passage d'une relative simplicité à une complexité croissante.

La première tendance réside dans les exigences de la société vis-à-vis des agriculteurs et des gestionnaires des terres, pour qu'ils fournissent un large éventail de biens publics agro-environnementaux tout en continuant de produire des aliments destinés à la consommation humaine et animale ainsi que d'autres biens commercialisables. La seconde a trait au financement et à la mise en œuvre de services de conseil, de formation et de vulgarisation, caractérisés par le recul du secteur public (plus marqué dans certains pays que dans d'autres) et la montée en puissance d'un large éventail d'acteurs, dont les compétences et les priorités ne sont pas les mêmes.

On peut estimer que ces évolutions ont produit des résultats contrastés. Du côté positif, l'intensification des transactions entre les agriculteurs et les prestataires a permis d'instaurer un système d'échange et de partage des connaissances, qui commence également à s'étendre au monde de la recherche. Les agriculteurs sont désormais beaucoup plus nombreux à pouvoir choisir le type et le prestataire de services de soutien qui répondent le mieux à leurs besoins, notamment s'ils paient ces services. Là où le financement public demeure, il ne concerne plus nécessairement des prestataires publics, mais peut exploiter les atouts d'autres prestataires possédant des compétences spécialisées, ou des groupes de pairs en dialogue direct avec les agriculteurs.

Cette évolution suscite cependant des préoccupations, en particulier concernant certains groupes d'agriculteurs et certaines formes de soutien. Il ressort d'études empiriques que dans plusieurs pays de l'OCDE, certains groupes d'agriculteurs n'ont pas accès aux services de soutien. L'étude de cas **grecque**, par exemple, montre que seuls 0.3 % environ des agriculteurs remplissent les conditions nécessaires pour pouvoir bénéficier de conseils au titre du SCA de l'UE. En outre, l'impartialité et la fiabilité des conseils fournis constituent aussi un sujet de préoccupation (Damianos, 2015).

Pour réaliser pleinement le potentiel environnemental de l'agriculture, il sera indispensable de bien coordonner les nombreux et divers organismes responsables des activités de conseil, de formation et de vulgarisation visant à favoriser une gestion agro-environnementale, mais aussi atteindre plus efficacement des groupes et des types d'agriculteurs différents, et être en mesure de fournir une gamme complète de services.

Un problème différent peut se poser lorsque, pour obtenir des conseils agricoles, les agriculteurs font appel au secteur privé ou à des groupes de pairs qui chercheront en priorité à apporter un soutien correspondant aux besoins et priorités apparents des agriculteurs. Cette forme de soutien sera probablement axée sur la performance économique de l'exploitation et risque de ne pas favoriser la gestion agro-environnementale au-delà du respect élémentaire de la réglementation. Cet aspect soulève une question importante liée à la nécessité de maintenir le financement public de certains types de soutien agro-environnemental, surtout dans les pays qui développent les services de conseil agricole payants.

Un rapport sur les perspectives du système alimentaire mondial a souligné la nécessité d'améliorer les services de vulgarisation et de conseil dans les pays à revenus élevé et intermédiaire (Foresight, 2011). Il est impossible d'estimer le montant des dépenses publiques actuellement allouées aux services de conseil, à la formation et aux mesures de vulgarisation destinés à favoriser une gestion agro-environnementale des ressources, mais les chiffres disponibles laissent entrevoir des dépenses annuelles élevées, qui ne représentent toutefois qu'une très faible proportion du soutien public total accordé à l'agriculture[1].

Aux **États-Unis**, l'appui technique agro-environnemental reste pour une large part un service public assuré par le ministère de l'Agriculture (USDA), principalement dans le cadre des programmes gouvernementaux de conservation. Certains observateurs voient dans le manque d'assistance technique un obstacle important à l'adoption de pratiques de conservation et au déploiement de ces programmes, tandis que les producteurs, les éleveurs, les spécialistes de l'environnement et les défenseurs de la nature continuent de soulever la question de l'assistance technique et de la nécessité d'un appui supplémentaire. De récents projets de loi agricoles ont à plusieurs reprises ajouté à la mission de conservation les préoccupations liées aux ressources naturelles, de sorte que beaucoup se demandent si le système actuel d'assistance technique est encore en mesure de fonctionner de manière efficace (Stubbs, 2010).

Dans un contexte de pressions croissantes en faveur d'une réduction des dépenses publiques consacrées à l'agriculture, il importe de définir clairement les objectifs généraux et le rôle des services de conseil, de la formation et des mesures de vulgarisation dans le dosage des instruments d'action. Cela permettra de déterminer le type et la qualité des prestations et de répartir les financements de manière équilibrée entre ces mesures et l'appui financier nécessaire à une gestion des terres adéquate. Certains observateurs aux États-Unis estiment que l'assistance technique doit représenter 30 % au moins de l'ensemble des dépenses allant au soutien technique et financier axé sur la conservation.

Comme le fait valoir un groupe, « l'assistance technique multiplie les effets bénéfiques de l'assistance financière, et l'assistance financière multiplie les effets bénéfiques de l'assistance technique. Parfois, l'assistance technique suffit à elle seule. Parfois, l'assistance technique doit être couplée à des paiements incitatifs de faible montant et peut-être à court terme. Dans d'autres cas, aucun changement n'est possible sans une assistance financière substantielle. L'essentiel est de trouver le bon dosage. » (SWCS, 2007).

La façon dont les services de conseil, la formation et les actions de vulgarisation sont conçus, mis en œuvre et financés dépend de leurs objectifs. Définir ces objectifs aidera à déterminer s'il est nécessaire de mobiliser des fonds publics et sur quoi axer ces financements. En pratique, plusieurs objectifs peuvent être poursuivis simultanément, moyennant des arbitrages. Dans certains cas, l'objectif sera d'assurer le respect de la réglementation environnementale, d'améliorer les résultats des systèmes d'incitation à la conservation, ou de faire en sorte que des groupes ciblés aient accès à des services de soutien en l'absence de financement public.

À la lumière de ces objectifs, la portée et l'ampleur du soutien requis peuvent être calibrées en fonction de la mission centrale, qui peut aller de la simple nécessité de sensibiliser les agriculteurs à un problème d'environnement, jusqu'à la fourniture d'un soutien technique ou d'une formation détaillés au niveau de l'exploitation. Le soutien peut principalement viser aussi bien à modifier légèrement des modes de production classiques qu'à apporter des modifications radicales en matière de gestion environnementale qui auront de profondes répercussions sur les systèmes d'exploitation agricoles.

Même si les théories sociales peuvent expliquer le mode de fonctionnement de certains dispositifs de conseil, de formation et de vulgarisation agricoles, il serait erroné de supposer pouvoir simplement extrapoler des conclusions concernant l'efficacité des services de vulgarisation « classiques », qui favorisent l'augmentation de la productivité et du revenu des agriculteurs, aux nouvelles mesures de soutien agro-environnementales. Ces dernières mesures en diffèrent à plusieurs égards.

Les quelques travaux de recherche quantitatifs qui ont été réalisés donnent des résultats contrastés, aussi ne peut-on formuler que des orientations générales sur la conception et la mise en œuvre de services de formation et de vulgarisation efficaces visant à favoriser la mise en œuvre d'une politique agro-environnementale dans les pays de l'OCDE. D'après les exemples présentés dans ce rapport, et ceux fournis par d'autres études, les mesures de conseil, de formation et de vulgarisation propres à favoriser la croissance verte semblent partager certaines caractéristiques.

Toutes les options présentent des avantages et des inconvénients, aussi est-il primordial de définir la panoplie de mesures la plus à même de favoriser de façon efficace et économe la stratégie de développement agricole du pays ciblé.

Caractéristiques des mesures de conseil, de formation et de vulgarisation propres à favoriser la croiss[2]ance verte

Définir clairement dès le début les objectifs environnementaux et socio-économiques et les résultats souhaités

Les objectifs et les résultats souhaités pourraient être précisés en termes de modifications attendues au niveau de la gestion des exploitations, de la compréhension, du comportement et des attitudes des exploitants, voire du revenu de l'exploitation. Il faut avoir précisé les résultats visés avant de pouvoir identifier les terres concernées, les systèmes d'exploitation, le type d'exploitation agricole et les agriculteurs capables d'atteindre les objectifs. Il importe de souligner que même lorsque les objectifs sont semblables, les mesures doivent être adaptées aux différents types d'utilisateurs et aux conditions locales.

Faire preuve d'une bonne compréhension des problèmes et priorités des agriculteurs visés

Il est essentiel, pour concevoir ces mesures, de saisir les principales préoccupations et priorités des agriculteurs visés en matière de gestion agricole et de comprendre comment ils interpréteront les objectifs environnementaux. Sans cela, il sera très difficile de concevoir des services de conseil, de formation et de vulgarisation qui seront utilisés efficacement par les agriculteurs. Il importe de ne pas émettre d'hypothèses non fondées sur ces priorités et préoccupations, qui peuvent être complexes et parfois inattendues. La participation active des « consommateurs » visés, c'est-à-dire les agriculteurs, au processus de conception permet de surmonter ces problèmes et peut aider à améliorer le déploiement des mesures, le transfert effectif des connaissances étant un processus bidirectionnel.

Cibler un large éventail d'utilisateurs en employant une diversité d'approches

Le conseil, la formation et la vulgarisation devraient cibler un éventail le plus large possible d'agriculteurs et de gestionnaires des terres, moyennant une diversité d'approches et une combinaison de différents mécanismes. La segmentation du marché est hautement souhaitable car les agriculteurs forment un groupe très hétérogène. Des caractéristiques comme l'âge et la structure des exploitations influencent le taux d'adoption de ces mesures.

Mettre l'accent sur les opportunités économiques favorables

Du point de vue de la croissance verte, une approche efficace du conseil, de la formation et de la vulgarisation doit aboutir à l'adoption de pratiques agricoles qui soient à la fois rentables et bénéfiques pour l'environnement. Il importe que le transfert des connaissances mette l'accent sur les opportunités économiques que l'adoption de ces pratiques pourrait offrir aux agriculteurs. En **Angleterre**, par exemple, d'après une enquête de Farming Futures, 53 % des agriculteurs reconnaissent qu'adopter des mesures visant à faire face au changement climatique ouvre des débouchés économiques et que l'adoption de ces mesures pourrait améliorer la rentabilité de leur exploitation (Farming Futures, 2010).

Recourir à des prestataires de confiance pour offrir des conseils et informations crédibles

Les services de conseil, de formation et de vulgarisation ne bénéficient pas d'une légitimité ni d'une crédibilité automatiques – ils doivent les gagner. De nombreux travaux de recherche montrent que les qualités et les titres de la personne qui fournit l'information sont au moins aussi importants, pour l'adoption des mesures préconisées, que la qualité scientifique de l'information fournie. Le principal déterminant de la crédibilité d'un conseiller est la confiance (DEFRA, 2013; 2010). Les agriculteurs sont davantage susceptibles d'écouter d'autres agriculteurs, ou des gens qu'ils connaissent bien et en qui ils ont confiance. Les conseillers peuvent facilement perdre leur crédibilité et la confiance des agriculteurs s'ils encouragent l'adoption d'une innovation ou d'une pratique manifestement inadaptée aux circonstances locales.

Donner la priorité aux solutions à la portée des intéressés et à géométrie variable

Différentes formes de soutien et méthodes de communication sont proposées aux agriculteurs visés, étant entendu que les solutions doivent être *à géométrie variable* et *à la portée* des intéressés. L'accès peut être facilité physiquement (permanence téléphonique, ouvrages imprimés et conseils personnalisés dans un bureau local), techniquement (réseau à haut débit et site Internet interactif comportant des informations et cartes détaillées) ou par les prestataires d'autres services avec lesquels des liens de confiance ont déjà été établis. Les possibilités de soutien, de création de réseaux et de coopération avec des pairs sont pleinement exploitées (par exemple par des mesures d'accompagnement) lorsqu'elles peuvent améliorer l'efficacité des activités de conseil, de formation et de vulgarisation.

Améliorer les compétences en matière de conseil pour faire face aux nouveaux défis que représente l'accroissement durable de la productivité

Un personnel technique formé à la gestion agricole et environnementale, au développement économique agricole et aux techniques de vulgarisation, et capable de gagner la confiance des agriculteurs auxquels il apporte son soutien, est indispensable si l'on veut parvenir à sensibiliser les agriculteurs et à modifier leurs perceptions afin d'accélérer l'adoption de pratiques agricoles favorisant la croissance verte.

Dans le contexte de la croissance verte, le contenu et la portée des tâches et responsabilités du service de vulgarisation doivent être divers et s'inscrire dans une démarche globale, et ne plus se cantonner à superviser le transfert de technologies agricoles. Il n'est pas envisageable, ni souhaitable, de continuer de demander aux conseillers de maîtriser tous les domaines de compétence. Les organismes, services et agents de vulgarisation devront jouer un rôle plus actif et participatif et faire office de « courtiers » en information/connaissances, qui engagent et facilitent des échanges de connaissances mutuellement intéressants et équitables entre chercheurs agricoles, formateurs et producteurs primaires.

Il faut s'attacher davantage à ce que les conseillers acquièrent des capacités de communication qui leur permettent d'influer sur les attitudes des agriculteurs, induisant des changements de comportement exerçant un effet positif sur l'environnement. Les conseillers doivent bien connaître les diverses approches et les formes possibles de communication avec les agriculteurs dans différentes circonstances, comme la démonstration, l'apprentissage entre pairs, les contacts individuels sur l'exploitation et en dehors, les stages de formation formels et l'utilisation de méthodes informatiques.

Établir des liens effectifs avec les organismes professionnels et de recherche

Des liens effectifs devraient être en place entre les établissements de recherche et les organismes professionnels, et constituer la principale source de connaissances des conseillers, afin d'optimiser les possibilités d'échange entre chercheurs et praticiens. L'organisme d'exécution devrait pouvoir rapidement évaluer les progrès réalisés par rapport aux objectifs et solliciter des commentaires afin de guider les éventuels ajustements nécessaires (par exemple, répondre aux demandes de soutien technique non prévues au stade de la planification, ou recentrer les efforts sur certains groupes d'agriculteurs).

Avoir des attentes réalistes vis-à-vis des répercussions des initiatives de conseil, de formation et de vulgarisation

Il faut reconnaître que lorsque les conseils fournis sont insuffisants pour induire un changement d'attitude des agriculteurs, ils ne permettent pas non plus de modifier les comportements. Même avec les services de conseil, de formation et de vulgarisation les plus experts et les plus persuasifs, les agriculteurs ne changeront sans doute pas leurs pratiques de gestion s'ils ne peuvent être convaincus que les modifications proposées ne contrarient pas leurs objectifs. C'est pourquoi les attentes concernant la portée du changement susceptible de résulter de ces mesures doivent être réalistes.

Promouvoir des pratiques agricoles « adoptables »

L'adoption de pratiques agricoles, y compris celles visant la gestion durable des ressources naturelles, est une opération complexe et multiforme, mais raisonnablement bien étudiée (Pannel et al., 2006 ; Pannell, 2009 ; Lambert et al., 2006 ; Prokopy et al., 2008 ; Caswell et al., 2001 ; Rogers, 2003). Les travaux publiés laissent à penser que l'adoption de ces pratiques par les agriculteurs et les propriétaires fonciers peut s'expliquer par les caractéristiques du processus d'apprentissage, des utilisateurs potentiels ou des pratiques de conservation.

Les travaux publiés sur l'adoption de la gestion durable des ressources naturelles affirment depuis longtemps que les pratiques, y compris de conservation, dont les taux d'adoption sont les plus élevés sont celles qui s'appuient sur des pratiques existantes, et qui exigent le moins de ressources rares ou non agricoles. Les technologies les plus susceptibles d'être adoptées par les agriculteurs présentent certaines caractéristiques. Ce sont celles qui : i) bénéficient d'un avantage relatif par rapport à d'autres technologies (par exemple, coût inférieur, rendement supérieur) ; ii) sont compatibles avec les objectifs et pratiques de gestion actuels des agriculteurs ; iii) sont faciles à mettre en œuvre ; iv) sont capables d'être observées ou démontrées et v) peuvent être adoptées partiellement ou à la marge.

Il en résulte notamment que si la pratique agricole préconisée n'est pas suffisamment intéressante et par conséquent n'est pas adoptée, les initiatives de conseil, de formation et de vulgarisation ne parviendront pas à susciter un changement de comportement positif vis-à-vis de l'environnement. Les prestataires de services de conseil, de formation et de vulgarisation devraient donc commencer par déterminer si une pratique agricole est adoptable avant d'engager des actions pour en promouvoir le déploiement. Du point de vue de la croissance verte, la véritable difficulté consiste à identifier et développer des pratiques agricoles qui sont adoptables et bénéfiques à l'environnement mais aussi économiquement supérieures aux pratiques qu'elles sont supposées remplacer.

Tenir compte du cadre d'action en place et des autres acteurs du système de connaissance agricole

Le cadre général de l'action des pouvoirs publics est l'un des principaux déterminants de l'adoption de pratiques agricoles favorables à la gestion agro-environnementale, et peut diversement renforcer ou entraver l'efficacité des mesures de conseil, de formation et de vulgarisation. Un cadre d'action non adapté pourrait présenter un coût d'opportunité élevé correspondant au sacrifice des avantages qui auraient pu découler de ces mesures, et créant une divergence entre les avantages potentiels et les avantages effectifs. De plus, l'évaluation des performances et l'impact de ces dispositifs devrait tenir compte du fait que ces derniers font partie d'un système de connaissance et d'innovation agricoles plus large. Les conseillers agricoles et autres acteurs de ce système – qu'ils appartiennent au secteur public, au secteur privé, au secteur tiers ou aux organisations agricoles – opèrent de façon collective, en coopération ou en concurrence.

Il est capital que le processus d'élaboration des politiques s'appuie sur des données concrètes

Il est manifestement nécessaire d'entreprendre des travaux de recherche supplémentaires sur la conception, la mise en œuvre et l'évaluation de l'efficacité des dispositifs de conseil, de formation et de vulgarisation destinés à favoriser la mise en œuvre des politiques agro-environnementales dans les pays de l'OCDE, où l'on attend des terres agricoles qu'elles fournissent un certain nombre de services environnementaux. Il serait utile que ces travaux de recherche visent à évaluer de façon plus détaillée les mesures et initiatives existantes, identifier la nécessité pour les pouvoirs publics d'intervenir et de financer ces mesures afin d'aider les agriculteurs et les gestionnaires des terres à atteindre les objectifs environnementaux, et déterminer les méthodes les plus efficaces et économes pour veiller à ce que ces mesures obéissent à la demande et répondent aux besoins.

Note

1. Les dépenses annuelles atteignent ainsi approximativement 145 millions EUR pour les systèmes de conseil agricole (SCA) à l'échelle de l'**Union européenne**, 55 millions AUD pour le programme national de protection des terres (LandCare) en **Australie** et 700 millions USD pour le programme d'assistance technique à la conservation (CTA) aux **États-Unis** (chiffres de l'auteur basés sur CE [2010], Youl, Marriott et Nabben [2006] et Stubbs [2010] respectivement).

Bibliographie

Caswell, M., K. Fuglie, C. Ingram, S. Jans et C. Kascak (2001), *Adoption of agricultural production practices: lessons learned from the U.S. Department of Agriculture Area Studies Project.* Agricultural Economic Report No. (AER792), Economic Research Service/USDA.

Commission européenne (CE) (2010), Rapport de la Commission au Parlement européen et au Conseil concernant l'application du système de conseil agricole défini aux articles 12 et 13 du règlement (CE) n° 73/2009 du Conseil, COM(2010)665 final. eur-lex.europa.eu/legal-content/FR/TXT/?uri=CELEX%3A52010DC0665

Damianos, D. (2015), "An Analysis of the Performance of Farm Advisory Services as related to Fostering Green Growth – The Case of Greece", rapport de consultant, document interne de l'OCDE.

Department for Environment, Food and Rural Affairs (DEFRA) (2013), *Review of environmental advice, incentives and partnership approaches for the farming sector in England*, www.gov.uk/government/publications/review-of-environmental-advice-incentives-and-partnership-approaches-for-the-farming-sector-in-england.

DEFRA (2010), *Agricultural Advisory Services Analysis*, juillet, Londres.

Farming Futures (2010), www.farmingfutures.org.uk/about-farming-futures.

Foresight (2011), *The Future of Food and Farming: Final Project Report.* The Government Office for Science, Londres. www.bis.gov.uk/foresight/our-work/projects/published-projects/global-food-and-farming-futures/reports-and-publications#driver.

Lambert, D., P. Sullivan, R. Claassen et L. Foreman (2006), *Conservation Compatible Practices and Programs: Who Participates?*, USDA/ERS, Economic Research Report 14, www.ers.usda.gov/media/284696/err14_1_.pdf.

Pannell, D. (2009), « Technology change as a policy response to promote changes in land management for environmental benefits », *Agricultural Economics*, vol. 40, n° 1.

Pannell, D., G. Marshall, N. Barr, A. Curtis, F. Vanclay et R. Wilkinson (2006), « Understanding and promoting adoption of conservation practices by rural landholders », *Extension*, vol. 46, n°11.

Prokopy, L., K. Floress, D. Baumgart-Getz et D. Klotthor-Weinkauf (2008), « Determinants of agricultural best management practice adoption: Evidence from the literature », *Journal of Soil and Water Conservation*, septembre/octobre, vol. 63, n° 5.

Rogers, E.M. (2003), *Diffusion of Innovations*, 5e édition, The Free Press, New York.

Stubbs, M. (2010), *Technical Assistance for Agriculture Conservation*, Congressional Research Service, www.crs.gov.

Soil and Water Conservation Society and Environmental Defence (SWCS) (2007), *Technical Assistance for Farm Bill Conservation Programs: a report from the Soil and Water Conservation Society and Environmental Defence,* www.swcs.org/documents/filelibrary/TechnicalAssistanceAssessment.pdf.

Youl, R., S. Marriott et T. Nabben (2006), *Landcare in Australia Founded on Local Action*, SILC et Rob Youl Consulting Pty Ltd. www.agriculture.gov.au/ag-farm-food/natural-resources/landcare/publications/landcare-australia.

Chapitre 2

Rôle évolutif des mesures de conseil, de formation et de vulgarisation

Ce chapitre étudie le rôle, en pleine évolution, des services de conseil, de la formation et des mesures de vulgarisation ainsi que la diversité des usagers et des prestataires dans les pays de l'OCDE. Il examine également le recours à différents types de prestataires et les avantages qui leur sont associés, isolément ou conjointement, et évoque le cas de certains pays membres de l'organisation.

Dans beaucoup de pays, les pouvoirs publics disposent de plusieurs moyens, qui peuvent passer soit par la réglementation, soit par des démarches volontaires ou assorties d'incitations financières, pour faire adopter des pratiques durables de gestion agricole. Parallèlement, les agriculteurs et les exploitants peuvent bénéficier de compétences pour améliorer leur efficacité d'utilisation des ressources, leur productivité et leurs revenus, tout en assurant le respect de la réglementation environnementale.

Les méthodes utilisées pour permettre aux exploitants d'acquérir des connaissances englobent l'assistance technique, les systèmes et services de vulgarisation agricole, la formation et les groupes d'action locaux. Ces mesures leur permettent de saisir des occasions, ainsi que d'appréhender les enjeux et les problèmes liés à l'utilisation des ressources naturelles. Elles les aident également à prendre des décisions judicieuses à l'égard de leur gestion. Grâce à leurs vertus sensibilisatrices, ces mesures peuvent modifier la manière dont sont perçues la pertinence et l'efficacité de certaines pratiques ou innovations agricoles et faire accélérer l'adoption de méthodes plus vertes.

Dans le passé, ces mesures se limitaient aux services de vulgarisation et de conseil agricoles proposés au niveau de l'exploitation. S'ils étaient organisés et assurés de bien des manières différentes, ces services avaient pour but ultime d'accroître la productivité et les revenus des agriculteurs (Waddington et al., 2010). Selon Anderson (2007), la notion de *services de vulgarisation et de conseil agricoles* désigne « l'ensemble des structures conçues pour soutenir les acteurs de la production agricole, les aider à régler leurs problèmes et leur faire profiter d'informations, de compétences et de technologies leur permettant d'améliorer leurs moyens de subsistance ».

Or, dans la zone OCDE, les décennies écoulées ont marqué des changements tant dans le rôle de ces mesures, qui s'est étoffé dans la plupart des cas, que dans leurs modalités de mise en œuvre et de financement. Ainsi, les services de conseil agricole, dont la mission première se limitait à fournir une assistance technique, ont vu leur portée s'élargir à l'environnement institutionnel dans lequel les technologies sont élaborées et diffusées. Ces services doivent désormais remplir un vaste éventail de rôles dans les domaines de l'expertise, de l'accompagnement, de la médiation et de la diffusion des connaissances (Christoplos, 2010 ; Leeuwis et Aarts, 2011 ; Koutsouris, 2012).

En 2002, une description des travaux internationaux antérieurs sur les services d'information, de vulgarisation et de conseil, ainsi qu'une analyse fondée sur des études de cas réalisées en **Europe**, en **Amérique du Nord**, en **Australie** et en **Nouvelle-Zélande**, ont attiré l'attention sur les tendances nouvelles de la conception et de l'orientation des services de conseil et d'information, avec notamment (Garforth et al., 2002) :

- une perte d'importance des services de vulgarisation dynamisés par l'offre, généralement organisés par les pouvoirs publics, au profit de services dynamisés par la demande des usagers ;
- une meilleure compréhension du processus de communication permettant de proposer et de recevoir des conseils et d'échanger des informations, défini non pas comme la transmission à sens unique de « messages » mais comme un dialogue ininterrompu ;
- une prise de conscience du fait que les services de conseil et d'information pourraient être financés par le secteur public, tout en étant mis en œuvre par différents acteurs.

La conception actuelle des services de conseil va au-delà de la formation et de la diffusion de messages à l'attention des agriculteurs. Ces services visent également à les aider à s'organiser et à agir collectivement, à s'attaquer aux questions de la transformation et de la commercialisation des produits et à travailler en partenariat avec toute une gamme de prestataires de services et d'institutions. Ainsi, dans le cadre de l'élaboration de nouvelles technologies, les agriculteurs sont perçus comme des partenaires et non comme de simples bénéficiaires. Le nombre de structures qui dispensent des services de conseil s'est également accru et compte désormais dans ses rangs des organismes publics et privés ainsi que des organisations non gouvernementales (ONG).

Faure et al. (2012) montre que dans tous les pays, les services de conseil sont de plus en plus perçus comme un élément constitutif d'un système d'innovation favorisant les interactions entre des acteurs multiples. Ce point de vue élargit le concept des services de conseil qui, de lien unique entre les agriculteurs et le monde de la recherche, se sont imposés en tant que point d'articulation entre des acteurs nombreux et hétéroclites. Au sein de ce système de conseil, différents prestataires remplissent une multitude de fonctions, s'intéressent à des sujets variés et fournissent donc diverses sortes de conseils de plusieurs manières possibles.

La grande diversité des approches adoptées par les pays – en fonction de leurs problèmes agro-économiques, sociaux et institutionnels respectifs – et leur évolution, les démarches linéaires laissant place à des systèmes d'innovation plus intégrés, ont été mises en évidence par la conférence de l'OCDE sur l'amélioration des systèmes de connaissances et d'innovation agricoles (OCDE, 2012b). Entre autres facteurs d'évolution, le fossé s'est creusé entre, d'une part, les connaissances des agriculteurs et les systèmes classiques de vulgarisation et, d'autre part, des stratégies d'action répondant aux préoccupations suscitées par l'impact de l'agriculture sur l'environnement, la qualité de la vie et les perspectives d'emploi dans les zones rurales, sans oublier le besoin de soutenir les biens publics liés à la production agricole (UE-CPRA, 2012).

Les pouvoirs publics et les agriculteurs se doivent désormais de contribuer à la réalisation d'un éventail d'objectifs agro-environnementaux plus ambitieux qui va en s'élargissant (gestion des sols et de l'eau, conservation de la biodiversité, augmentation du piégeage du carbone, réduction des émissions de gaz à effet de serre et de la pollution diffuse, etc.), tout en continuant à produire des aliments destinés à la consommation humaine et animale ainsi que d'autres biens commercialisables.

Parmi les outils à la disposition des pouvoirs publics figurent la réglementation, les incitations financières (dont l'octroi est souvent conditionné à des exigences d'écoconformité) et les actions volontaires. On part généralement du principe que des mesures de conseil, de formation et de vulgarisation adéquates peuvent renforcer le suivi des mesures de politique environnementale, pousser les agriculteurs à davantage respecter les exigences en matière de gestion des terres et améliorer les résultats environnementaux. Le financement et la mise en œuvre de ces mesures ont cependant évolué au fil des ans, avec le recul relatif du secteur public et la montée en puissance d'autres acteurs très divers, dont les compétences et les priorités ne sont pas les mêmes.

Les services de conseil agricole jouent un rôle clé en ce qu'ils encouragent à utiliser le secteur agricole comme un moteur de la croissance verte et permettent aux agriculteurs de relever de nouveaux défis, tels que l'adoption de pratiques respectueuses de l'environnement et le renforcement de leur compétitivité. Les études relatives aux retours sur investissements effectués dans les services de conseil ont montré une rentabilité relativement élevée. Dans une méta-analyse de 292 études, Alston et al. (2000) ont ainsi relevé des taux de rendement médians de 58 % pour les services de conseil et de 49 % pour la recherche. Ce taux atteint 36 % quand les investissements concernent à la fois la recherche et les services de conseil.

Les services de conseil agricole sont de plus en plus considérés comme un moteur essentiel de l'innovation dans le secteur de l'agriculture. Il est largement reconnu que de nombreux pays de l'OCDE, dans le cadre de l'élaboration des approches stratégiques destinées à augmenter durablement la productivité agricole, visent avant tout à favoriser l'adoption et l'utilisation par les agriculteurs des connaissances produites dans le cadre de l'innovation (autrement dit « l'innovation organisationnelle ») (Teagasc, 2013). Étant donné que certaines problématiques, telles que l'atténuation des gaz à effet de serre (GES) et l'appauvrissement de la biodiversité, gagnent de plus en plus d'ampleur, la production et, plus encore, le transfert de connaissances induisant des changements au niveau des pratiques agricoles, deviennent de plus en plus importants pour obtenir des résultats positifs.

La détermination de la méthode à suivre pour fournir et financer les services de conseil, de formation et de vulgarisation reste très délicate étant donné les profonds bouleversements qu'ont subi l'orientation, l'organisation et les modes d'intervention de ces services au cours du temps. Les questions à trancher sont les suivantes :

- Quels doivent être les rôles respectifs du secteur public, du secteur privé et de la société civile ?
- Comment peut-on veiller à ce que les services de conseil agricole obéissent à la demande et satisfassent les divers besoins d'information des agriculteurs ?
- Comment rendre les services de conseil, de formation et de vulgarisation efficients et financièrement viables ?
- Comment garantir l'accès de tous les agriculteurs aux services de conseil, de formation et de vulgarisation agricoles ?
- En quoi ces mesures contribuent-elles à améliorer la viabilité économique des exploitations, les compétences et la productivité (compte tenu de l'innovation au niveau des exploitations et du transfert de technologies) et à adopter des pratiques agricoles ménageant l'environnement ?
- Comment renforcer la cohérence de ces dispositifs avec les autres mesures de politique agricole ?

Le présent rapport examine brièvement le recours à l'assistance technique, aux systèmes et services de vulgarisation agricole, à la formation et aux groupes d'action locaux dans certains pays de l'OCDE. Cette démarche s'inscrit dans le cadre des travaux sur la croissance verte engagés par l'OCDE, qui soulignent la nécessité d'accorder une priorité plus élevée aux activités de recherche, de développement et d'innovation, à l'éducation, aux services de vulgarisation et à l'information pour augmenter durablement la productivité (OCDE, 2012c).

Diversifier davantage les usagers et les prestataires

Dans le contexte de la croissance verte, les dispositifs de conseil, de formation et de vulgarisation remplissent une double fonction. Premièrement, ils doivent rendre les exploitants, les conseillers agricoles et d'autres acteurs plus aptes à pérenniser une gestion des sols compatible avec les impératifs environnementaux, tout en maintenant ou en améliorant les performances économiques de l'activité (rôle économique). Deuxièmement, ils doivent encourager et faciliter l'adoption d'une gestion agro-environnementale satisfaisante (qui respecte la loi) et qui apporte les résultats environnementaux voulus sur le terrain (rôle environnemental). Dans certains cas, l'amélioration de la viabilité économique d'un ensemble de pratiques ou d'exploitations peut être un objectif environnemental à part entière, par exemple sur des terres marginales menacées de déprise, où l'agriculture durable est indispensable à la fourniture de biens publics environnementaux et sociaux.

Les agriculteurs et autres responsables de la gestion des terres sont les « consommateurs » finals de ce qui peut être envisagé comme une « chaîne » de connaissances agro-environnementales provenant de nombreuses sources différentes, qu'ils aient ou non à payer directement pour le service rendu. Le groupe formé par ces consommateurs est très disparate, et ces mesures sont reprises par une partie seulement des producteurs et des propriétaires fonciers. Plusieurs études avancent que des exploitants plus instruits et mieux formés sont plus susceptibles de modifier avec succès leurs pratiques de gestion et d'accroître leurs capacités d'innovation et d'adaptation (Charatsary et al., 2011 ; Labarthe et Laurent, 2009). Dans plusieurs pays, l'intérêt se porte en particulier sur la question des petits agriculteurs, qui, une fois regroupés, peuvent constituer d'importants fournisseurs de biens publics environnementaux, mais n'ont que peu, voire pas du tout, accès à des services de conseil, de formation et de vulgarisation adaptés (Damianos, 2015). Un ciblage de ces mesures en fonction de la taille des exploitations, du type de production et des pratiques agricoles est bien évidemment important. Cette question est abordée plus loin dans le document.

Il est impossible d'estimer le montant des dépenses publiques actuellement allouées aux services de conseil, à la formation et aux mesures de vulgarisation destinés à favoriser une gestion agro-environnementale des ressources dans l'ensemble des pays de l'OCDE, mais les chiffres disponibles laissent entrevoir des dépenses annuelles élevées, qui ne représentent toutefois qu'une très petite proportion du soutien public total accordé à l'agriculture[1].

Dans l'**Union européenne**, l'instauration, par la réforme de la PAC adoptée en 2003, du mécanisme de conditionnalité – qui lie le versement des aides de l'UE (les paiements directs) au respect par les agriculteurs de normes de base en matière d'environnement, de sécurité des aliments, de santé des plantes et des animaux, de bien-être des animaux et de maintien des terres dans de « bonnes conditions agricoles et environnementales » (BCAE) – s'est accompagnée de l'obligation pour les États membres de mettre en place un système de conseil agricole (SCA) destiné à aider les agriculteurs à comprendre et à respecter les règles de l'UE dans les domaines de l'environnement, de la santé publique et animale ; du bien-être des animaux et des BCAE. Depuis 2007, les autorités nationales ont l'obligation d'offrir des conseils aux agriculteurs dans le cadre d'un SCA, en appliquant au besoin des critères de priorité (règlement n° 73/2009 du Conseil). La politique de développement rural encourage les États membres à créer des services de conseil lorsque le besoin s'en fait sentir, et les agriculteurs à faire appel à ces services.

Dans la plupart des pays, les systèmes de vulgarisation continuent de jouer un rôle central dans la mise en œuvre des services de conseil et des mesures de formation. Leur structure, leur organisation, leur gouvernance (publique ou privée), et leur degré de centralisation ou de décentralisation varient substantiellement selon les pays ou régions. Ils opèrent souvent à l'échelon infranational, et regroupent des intervenants très divers : organismes publics, établissements éducatifs, secteurs d'activité d'amont et d'aval, ONG, consultants et organisations agricoles.

Ils fournissent un nombre grandissant de services, d'ordre technique aussi bien que financier. Dans les pays de l'OCDE qui allouent des crédits publics aux services de vulgarisation, ces dépenses ont continué de progresser à un taux annuel de 1 % au moins, leur taux de croissance étant assez stable dans un nombre considérable de pays. En ***Corée***, aux **États-Unis**, en **Islande** et dans l'**Union européenne**, ce taux a accusé un fléchissement pendant la seconde moitié des années 2000 par rapport à la première, mais il a augmenté en **Australie**, au **Chili**, en **Israël**, au **Japon** et au **Mexique**, comme illustré au graphique 2.1 (OCDE, 2012a).

Les services de conseil, la formation et les dispositifs de vulgarisation agricoles sont mis en œuvre et financés par des organismes de plus en plus variés et selon une multitude de mécanismes institutionnels. Le secteur public, le secteur privé (ménages agricoles, entreprises agro-industrielles, autres entreprises à but lucratif) et le secteur tiers (ONG et organisations à but non lucratif, organisations agricoles et organisations de la société civile) peuvent participer conjointement, dans des proportions diverses, à la mise en place et au financement de ces mesures. La fourniture de conseils peut mobiliser des acteurs non traditionnels, tels que les organisations agricoles (financées par les agriculteurs eux-mêmes) et des ONG ; des sous-traitants (appartenant à des ONG ou au secteur privé et financés par le secteur public), des acteurs privés (issus du secteur privé et financés par ce dernier) ; et différents types de partenariats public-privé. Au sein du secteur public, les structures institutionnelles peuvent varier selon le degré et le type de décentralisation. Le tableau 2.1 illustre la diversité des organisations et des sources de financement liées aux services de conseil dans les pays de l'OCDE.

Graphique 2.1. Dépenses publiques consacrées aux services de vulgarisation

Taux de croissance annuel, par période, en USD à parité de pouvoir d'achat (2005)

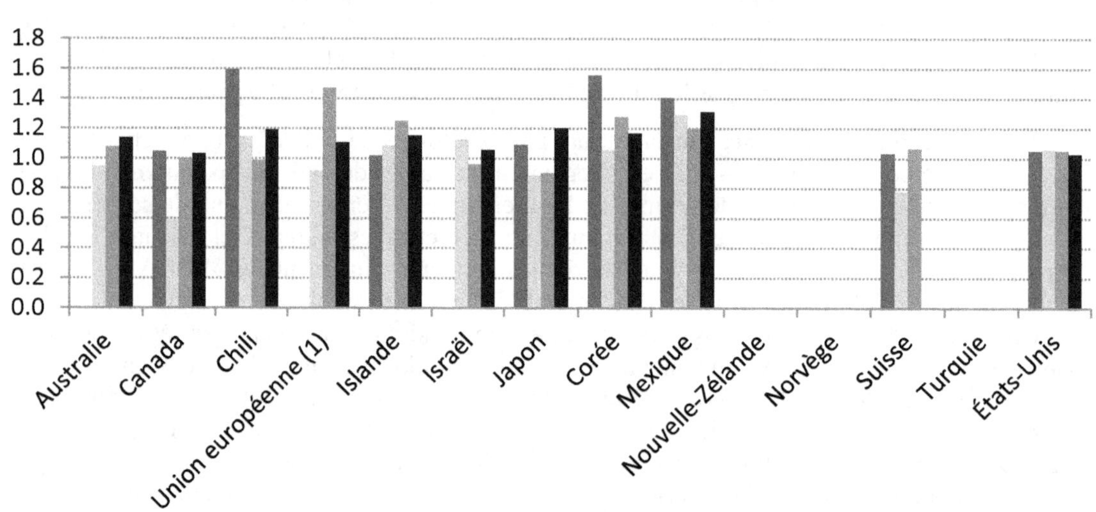

1. UE15 pour la période 1995-2003 ; UE25 pour la période 2004-06 ; et UE27 à partir de 2007. Pour l'Union européenne, 2000-03 au lieu de 2000-04 ; et 2007-11 au lieu de 2005-11.

Source : graphique 2.3, dans OCDE (2012), *Politiques agricoles : suivi et évaluation 2012 : Pays de l'OCDE*, Éditions OCDE, dx.doi.org/10.1787/agr_pol-2012-fr.

Le système de vulgarisation des **États-Unis**, créé il y a près d'un siècle pour traiter des questions exclusivement rurales et agricoles, a évolué au fil du temps. À l'heure actuelle, les activités de vulgarisation sont coordonnées par le Système coopératif de vulgarisation (*Co-operative Extension System* – CES) – un réseau national de professionnels de la formation, présent dans chaque État, qui a pour objectif de diffuser des informations issues de la recherche dans divers domaines tels que l'alimentation, l'agriculture, les petites entreprises, la promotion de la jeunesse et la gestion financière. Les mesures de vulgarisation concernent six grands domaines, dont la gestion des ressources naturelles (sensibiliser les propriétaires terriens et les propriétaires de logements à l'utilisation responsable des ressources naturelles et à la protection de l'environnement, au moyen de programmes d'enseignement centrés sur la qualité de l'eau, la gestion du bois, le compostage, la gestion des déchets de jardin et le recyclage[2]. Les universités et leurs antennes locales perçoivent des aides financières de l'Institut national de l'alimentation et de l'agriculture (*National Institute of Food and Agriculture* – NIFA), partenaire du CES à l'échelle fédérale. De plus, l'interaction entre les écoles d'agriculture installées sur un domaine cédé par l'État et les stations expérimentales agricoles d'État, visant à fournir un système coopératif de vulgarisation aux producteurs agricoles (et aux autres acteurs), est un dispositif institutionnel établi de longue date. Les programmes NIFA ont également mis l'accent ces derniers temps sur une plus grande intégration de la recherche et de la vulgarisation[3].

Tableau 2.1. Exemples de services de conseil dans les pays de l'OCDE

	Principales institutions	Sources de financement	Pays
Service public	Organismes publics au niveau régional et national	Entièrement financé par des fonds publics	Belgique, Italie, Grèce, Slovénie, Suède, régions du sud de l'Allemagne, Espagne, Pologne, Portugal, Luxembourg, Japon, États-Unis
Partenariat public-privé	De plus en plus fourni par des entreprises de consultants privées	Les agriculteurs paient tout ou partie des services ; centralisé et décentralisé	Canada, Irlande, République tchèque, Finlande, République slovaque, Hongrie, Australie, Chili, États-Unis
Organisations agricoles	Organisations agricoles	Frais d'adhésion et paiements par les agriculteurs	Autriche, France[1], Danemark, régions du nord-ouest de l'Allemagne, Nouvelle-Zélande (DairyNZ), Norvège, Canada, États-Unis
Commercial	Entreprises commerciales ou personnes privées	Paiement dans le cadre de la mise en place d'un projet ou de l'obtention d'aides financières	Angleterre, Pays-Bas, régions du nord-est de l'Allemagne, Nouvelle-Zélande, États-Unis

1. Les services de conseil sont principalement du ressort des Chambres d'agriculture (voir encadré 1.1).

Source : OCDE (2012), *Politiques agricoles : suivi et évaluation 2012 – Pays de l'OCDE*, Éditions OCDE, dx.doi.org/10.1787/agr_pol-2012-fr (adapté d'après Laurent, Cerf et Labarthe, 2006, à l'aide des réponses apportées à un questionnaire de l'OCDE (www.oecd.org/agriculture/policies/innovation) et le Secrétariat de l'OCDE.

Quelques pays (tels que l'**Irlande**), maintiennent les services de conseil au sein de leur secteur public, mais récupèrent une partie de leur coût auprès des clients. Au **Royaume-Uni**, le Service de développement et de vulgarisation agricoles (*Agricultural Development and Advisory Service* – ADAS), autrefois public, a dû facturer ses prestations à compter de 1986, avant d'être privatisé en 1997, au terme d'une stratégie de commercialisation progressive qui aura duré onze ans (Garforth, et al., 2002). La **Nouvelle-Zélande** et les **Pays-Bas** ont également privatisé leurs services de conseil agricole. L'externalisation des activités de conseil, via des formes de sous-traitance diverses et variées, est de plus en plus répandue (Rivera et Zijp, 2002).

Les pays de l'**Union européenne** recourent à différentes méthodes pour appliquer la réglementation sur le Système de conseil agricole (SCA) (ADE, 2009). Les services du SCA, liés aux bonnes conditions agricoles et environnementales, sont mis en œuvre par des acteurs publics, privés ou mixtes et peuvent être soit entièrement gratuits, soit pris en charge (en totalité ou en partie) par les agriculteurs. Ces services sont fournis dans le cadre d'entretiens individualisés ou en groupes, de sessions de formation ou via les technologies de l'information et de la communication (TIC).

En Europe, 150 Chambres d'agriculture indépendantes fournissent des services de conseil et de vulgarisation à plus de 5 millions d'agriculteurs de 14 pays différents (**Allemagne**, **Autriche**, Croatie, **Estonie**, **Flandre**, **France**, **Hongrie**, Lettonie, **Lituanie**, **Luxembourg**, **Pologne**, **République tchèque**, **République slovaque** et **Slovénie**)[4]. L'encadré 2.1 présente brièvement l'exemple des Chambres d'agriculture en **France**.

Encadré 2.1. Les Chambres d'agriculture en France

En France, les Chambres d'agriculture sont des institutions publiques gérées par des professionnels du secteur agricole. Leur mission est double : elles représentent les communautés agricoles et rurales devant les autorités publiques et jouent un rôle de service essentiel pour les agriculteurs. Depuis leur création, en 1920, leurs missions, objectifs et sources de financement ont considérablement évolué. À l'heure actuelle, les Chambres d'agriculture comptent 110 établissements (aux niveaux départemental, régional et national) pour 7 800 employés.

Parmi leurs principales fonctions figurent la fourniture de conseils individualisés aux agriculteurs dans les domaines commercial (stratégie commerciale, organisation, investissements dans des équipements), de l'agronomie et de l'environnement, du développement territorial et local, de la qualité de produits et du suivi des ressources incorporelles et des bases de données. Certains de ces services constituent des missions obligatoires liées à la délégation de service public du ministère de l'Agriculture, de l'Agroalimentaire et de la Forêt (MAAF). Les Chambres d'agriculture possèdent également un centre de formation et une école d'ingénieurs privée.

Les Chambres d'agriculture sont dirigées par un président, désigné par une assemblée de représentants des agriculteurs. Leurs financements proviennent de sources différentes, avec la taxe foncière sur les propriétés non bâties (pour 50 % des fonds, en moyenne), des fonds publics du MAAF (à hauteur de 17 % environ), des contrats avec les autorités locales (régions, départements) et l'achat de services par les agriculteurs.

La décentralisation des services publics de vulgarisation a favorisé l'arrivée d'acteurs privés, notamment de consultants en agronomie et d'intermédiaires pressentis par les agriculteurs, auxquels s'ajoutent beaucoup d'autres types de prestataires (Laurent et Labarthe, 2011). Les ONG environnementales et agricoles, les coopératives d'agriculteurs et les groupes d'entraide et d'émulation informels sont bien placés pour diffuser les connaissances[5]. Dans le secteur privé, les fournisseurs d'intrants, tels que les aliments du bétail, les engrais et les machines agricoles, tendent de plus en plus à fidéliser leur clientèle en prodiguant des conseils. Ces autres sources d'information revêtent une importance particulière dans les pays où les services de vulgarisation et les liens de coopération laissent à désirer, comme en Italie et en Lettonie (UE-CPRA, 2012).

La tendance, de la part des ministères et des organismes publics, à transférer les activités de conseil –dont le financement est désormais assuré, dans des proportions variables, par des fonds publics et privés – à des structures privées, constitue peut-être l'évolution la plus perceptible en ce qui concerne les dispositifs de vulgarisation depuis 20 ans[6]. Cette tendance peut s'expliquer par une démarche de réduction des dépenses publiques et de transfert des coûts de l'État vers les bénéficiaires finals des services, de telle sorte que ces derniers correspondent davantage aux besoins ressentis par les utilisateurs et que leur efficacité progresse. S'agissant du système de prestation de services contre honoraires, qui caractérise la majeure partie des services assurés par le secteur privé, les informations prioritaires pour les agriculteurs pourraient être mises en évidence plus clairement.

Cette tendance à la privatisation s'est traduite par une importante diversification de la mise en œuvre des services elle-même, qui passe désormais par différents types de sociétés de conseil privées et divers modèles de partenariats public-privé (Rivera et Zijp, 2002). Le désengagement des pouvoirs publics et la montée en puissance du secteur privé soulèvent la question de la pérennité des services de conseil et, donc, de leur financement. Ce phénomène a également fait éclore un débat intéressant, étant donné que certains effets imprévus liés au retrait de l'État ont influencé l'efficacité des Systèmes de connaissance et d'innovation agricoles (SCIA) dans de nombreux pays (Kidd et al., 2000 ; Laurent, Cerf et Labarthe, 2006)[7]. Ces effets concernent :

- l'accès aux services de conseil et de vulgarisation pour certaines catégories d'agriculteurs (comme les petits exploitants) et la capacité de ces derniers à financer ces services, dont le prix aura tendance à être déterminé par les mécanismes du marché ;

- l'adéquation des flux d'informations entre les différentes parties prenantes des SCIA, y compris dans les domaines de la recherche et de la vulgarisation ; et
- l'existence d'effets externes (liés à la protection des sols, par exemple) pouvant entraîner des problèmes sociaux (Faure, et al., 2012)[8].

L'une des conséquences importantes de l'abandon du financement et de la gestion des services de conseil agricole de la part de l'État tient au fait que le savoir produit et rendu public dans le cadre d'activités dites « d'appui », liées aux systèmes d'information (réorganisations concernant la R-D, les conseillers-formateurs ainsi que la production, la collecte et le stockage des connaissances techniques) a évolué. Selon Labarthe et Laurent (2013), le désengagement de l'État a provoqué de profondes transformations au niveau de ces activités d'appui et a entraîné, entre autres, une progression des secteurs d'activité d'amont, qui financent un grand nombre d'expérimentations, un recul de la communication entre les fournisseurs et les bénéficiaires des services de vulgarisation agricole et la commercialisation de services de conseil par des instituts de recherche appliquée de manière très segmentée et à destination de clients divers et variés, et notamment des secteurs d'activité d'amont.

Cette évolution des services de conseil pourrait nuire gravement aux intérêts de certaines catégories d'exploitations agricoles, et plus particulièrement à ceux des petites exploitations ou des systèmes de production innovants. D'après des recherches menées en **Allemagne**, en **France**, en **Finlande**, en **Italie**, en **Lettonie**, aux **Pays-Bas** et en **Suisse**, certains groupes d'agriculteurs n'ont pas accès à des services de soutien (Knickel et al., 2009). Il arrive que les exploitations de petite taille, pratiquant une agriculture extensive ou affichant un niveau de production peu élevé ne puissent pas bénéficier de programmes de vulgarisation conçus dans l'ensemble pour des systèmes plus intensifs, ou qu'elles soient confrontées à des difficultés d'accès liées au coût ou à une couverture territoriale insuffisante (EU-CPRA, 2012). En **Italie**, par exemple, les petites exploitations situées dans des zones urbaines ou marginales sur le plan agricole tendent à ne pas recourir aux services de vulgarisation alors qu'elles peuvent contribuer largement à la production de biens publics environnementaux (De Rosa et al., 2012).

Labarthe et Laurent (2013) affirment que si la tendance actuelle se maintient, ces connaissances pourraient avoir de moins en moins d'intérêt pour les petites exploitations, du fait d'une demande décroissante de la part de ces agriculteurs et du renforcement de l'emprise des gros producteurs[9]. L'investissement dans les activités d'appui représente donc une problématique importante pour la politique d'innovation agricole joue un rôle essentiel pour garantir la fiabilité des connaissances produites.

Un ciblage des mesures pourrait régler le problème de l'accès des agriculteurs désavantagés ou à la tête de petites exploitations aux dispositifs étudiés ici. Au **Chili**, par exemple, les exploitations de petite taille et les agriculteurs plus défavorisés bénéficient de services de vulgarisation publics ou de contrats de vulgarisation financés par une part plus importante de fonds publics (une association de petits producteurs pourra recevoir un versement de contrepartie plus important afin d'embaucher du personnel spécialisé dans les services de vulgarisation) (Rivera et Alex, 2004). Dans le cadre de la mise en œuvre du SCA, le **Portugal** a pour sa part choisi de cibler certaines catégories d'individus en particulier, comme les femmes ou les jeunes agriculteurs.

La privatisation des services de conseil implique également, pour l'État, d'élaborer de nouvelles fonctions pour réglementer les relations entre les différentes parties prenantes et veiller à ce que l'intérêt général soit pris en compte (Labarthe, 2005 ; Klerkx et al., 2006 ; Rivera et Alex, 2004). Les décideurs peuvent créer des conditions propices à l'émergence de services de conseil financés et gérés par le secteur privé ou le secteur tiers (organisations agricoles, entreprises agro-industrielles, etc.).

Certains auteurs estiment que l'État a un rôle à jouer avant tout à l'égard des les régions les plus désavantagées et des agriculteurs les plus défavorisés (Anderson et Feder, 2004 et 2007 ; Kidd et al., 2000). Ainsi, Garforth et al., 2002 soulignent qu'un nombre croissant de décideurs estiment que le financement public des mesures de soutien doit se focaliser sur la fourniture de biens publics issus de l'agriculture. En pratique, l'importance relative des financements publics et privés varie considérablement en fonction des politiques publiques mises en œuvre, du type de prestataire et de l'objet de la mesure.

Comme le soulignent Rivera et Zijp (2002), le passage progressif à un système de conseil privatisé ne va pas de soi et nécessite de clarifier précisément le rôle des institutions, d'être en mesure, économiquement parlant, de financer les services de conseil, de disposer de prestataires suffisamment qualifiés et d'être en présence d'agriculteurs capables de formuler des demandes claires. En général, les services de conseil émanant du secteur privé, et des organisations agricoles notamment, méritent une analyse plus poussée en termes d'efficacité, de qualité, de coût et d'investissement dans la R-D (Faure, et al., 2012).

Notes

1. Les dépenses annuelles atteignent ainsi approximativement 145 millions EUR pour les systèmes de conseil agricole (SCA) à l'échelle de l'**Union européenne**, 55 millions AUD pour le programme national de protection des terres (LandCare) en **Australie** et 797 millions USD pour le programme d'assistance technique à la conservation (CTA) aux **États-Unis**.

2. Voir www.csrees.usda.gov/qlinks/extension.html.

3 Voir par exemple www.csrees.usda.gov/funding/integrated/integrated_synopsis.html.

4. Chambres d'agriculture européennes (2011) citées dans UE-CPRA (2012).

5. Les publications traitant de la diffusion des connaissances donnent de nombreux exemples d'initiatives prises pour recréer des réseaux entre les organisations d'agriculteurs, de conseil et de recherche de manière à favoriser l'innovation (Klerk et Leewis, 2008).

6. Depuis la fin des années 80, on constate une tendance générale au désengagement des États de l'**Union européenne,** emmenés par le **Royaume-Uni** et les **Pays-Bas**, à l'égard du financement et de la gestion des services de vulgarisation.

7. D'après Leeuwis (2000) et Labarthe (2005), la privatisation des services de vulgarisation agricole aux **Pays-Bas** a causé des problèmes plus graves au niveau de la diffusion d'innovations complexes liées aux questions environnementales et aux systèmes de production. Ainsi, les thématiques abordées dans le cadre des services de conseil sont morcelées ; la priorité est donnée à un transfert linéaire de l'innovation ; les échanges d'informations entre les agriculteurs sont en recul ; et les prestataires de services de conseil semblent privilégier les agriculteurs solvables, ce qui pourrait faire émerger un phénomène d'exclusion.

8. Plusieurs auteurs évoquent les inconvénients de la privatisation, sans toutefois aller jusqu'à rejeter cette possibilité. C'est le cas notamment de Kidd et al. (2000), dont l'article repose sur différentes études de cas réalisées dans le monde entier, Marsh et Pannell (2000), dans leur publication sur l'**Australie**, et Klerkx et al. (2006), dans leur étude sur les **Pays-Bas**.

9. Labarthe et Laurent (2013) ont constaté que certaines coopératives agricoles européennes, par exemple, étaient à l'origine d'une segmentation des services d'appui et des services à la clientèle. En effet, ces coopératives proposent aux agriculteurs des solutions globales qui associent une dimension technologique (au niveau des variétés de semences et des produits phytopharmaceutiques) et un certain degré d'interactions avec les autres exploitations (au travers de visites de terrain, dont le nombre et l'objet sont variables). Toutefois, ces solutions reposent sur différents niveaux d'investissement dans les activités d'appui. Ainsi, les grandes exploitations ont accès à des solutions très flexibles, qui se caractérisent par d'importantes interactions ainsi que des activités de R-D intensives. À l'inverse, les petits agriculteurs se voient généralement proposer des solutions plus normalisées, avec moins d'interactions, ce qui conduit souvent à des résultats moins probants, car les solutions choisies reposent rarement sur des connaissances issues d'activités d'appui récemment mises à jour.

Bibliographie

ADE (Aide à la décision économique) (2009), *Evaluation of the Implementation of the Farm Advisory System*, ADE, en collaboration avec ADAS, Agrotec et Evaluators. EU, Belgique, ec.europa.eu/agriculture/eval/reports/fas/index_en.htm.

Alston, J., M. Andersen, J. James et P. Pardey (2011), « The Economic Returns to U.S. Public Agricultural Research », *American Journal of Agricultural Economics*, vol. 93, n° 5.

Alston, J., C. Chan-Kang et al. (2000), *A Meta Analysis of Rates of Return to Agricultural R&D: Ex Pede Herculem?,* Research Report 113. Washington D.C.: International Food Policy Research Institute.

Anderson, J. (2007), *Agricultural Advisory Services,* document de référence pour le Rapport sur le développement dans le monde 2008, siteresources.worldbank.org/INTWDR2008/Resources/2795087-1191427986785/Anderson_AdvisoryServices.pdf.

Anderson J. et G. Feder (2007), « Agricultural extension », dans *Handbook of agricultural economics*, vol. 3 (R. E. Evenson et P. Pingali (dir. pub.), Amsterdam, Pays-Bas, Elsevier Science.

Anderson, J. et G. Feder (2004), « Agricultural Extension: Good Intentions and Hard Realities », *The World Bank Research Observer*, vol. 19, n° 1.

Charatsary, C., A. Papadaki-Klaudianou et A. Michailidis (2011), « Farmers as consumers of agricultural education services: willingness to pay and spend time », *Journal of Agricultural Education and Extension*, vol. 3, n° 3.

Christoplos, I. (2010), *Mobilizing the Potential of Rural and Agricultural Extension*, Rome: FAO.

Damianos, D. (2015), "An Analysis of the Performance of Farm Advisory Services as Related to Fostering Green Growth in Agriculture – The Case of Greece", document interne de l'OCDE.

Faure, G., Y. Desjeux et P. Gasselin (2012), « New Challenges in Agricultural Advisory Services from a Research Perspective: A Literature Review, Synthesis and Research Agenda », *Journal of Agricultural Education and Extension*, vol. 18, n° 5.

Garforth C., B. Angell, J. Archer et K. Green (2002), *Improving access to advice for land managers: a literature review of recent developments in extension and advisory services*, DEFRA Research Project KT0110, Department for Environment, Food and Rural Affairs, Londres.

Kidd, A., J. Lamers, P. Ficarelli et V. Hoffmann (2000), « Privatising agricultural extension: caveat emptor – a sectoral analysis with some thoughts on accountability, sustainability and evaluation », *Journal of Rural Studies*, vol. 16, n° 1.

Klerkx L. et C. Leeuwis (2008), « Matching demand and supply in the agricultural knowledge infrastructure: experiences with innovation intermediaries », *Food Policy*, vol. 33, n° 3.

Klerkx, L., K. de Grip et C. Leeuwis (2006), "Hands off but Strings Attached: The Contradictions of Policy-induced Demand-driven Agricultural Extension", *Agriculture and Human Values*, Vol. 23, No. 2.

Knickel K, T. Tisenkopfs et S. Peter (eds.) (2009), *IN-SIGHT: Strengthening Innovation Processes for Growth and Development. Innovation processes in agriculture and rural development: results of a cross-national analysis of the situation in seven countries, research gaps and recommendations,* EU Sixth Framework Programme: Priority 8.1 policy-oriented research, scientific support to policies – SSP : 44510, www.insightproject.net/files/IN-SIGHT_final_report.pdf.

Koutsouris, A. (2012), « Facilitation and Brokerage: New Roles for Extension », *Journal of Extension Systems*, vol. 28, n° 1.

Labarthe, P. (2005), « Trajectoire d'innovation des services et inertie institutionnelle: dynamique du conseil dans trois agricultures européennes », *Géographie, Économie, Société*, vol. 73, n° 3.

Labarthe, P. et C. Laurent (2013), « Privatization of agricultural extension services in the EU: Towards a lack of adequate knowledge for small-scale farms? », *Food Policy*, vol. 38.

Laurent, C. et P. Labarthe (2011), « Économie des services et politiques publiques de conseil agricole », *Cahiers Agricoles*, vol. 20, n° 85, septembre-octobre, pp. 343-351.

Labarthe, P. et C. Laurent (2009), *Transformations of agricultural extension services in the EU: towards a lack of adequate knowledge for small-scale farms,* rapport présenté lors du 111e séminaire de l'EAAE-IAAE, « Small farms: decline or persistence », Université du Kent, 26-27 juin 2009, ageconsearch.umn.edu/bitstream/52859/2/103.pdf.

Laurent, C., M. Cerf et P. Labarthe (2006), « Agricultural Extension Services and Market Regulation: Learning from a Comparison of Six EU Countries », *Journal of Agricultural Education and Extension*, vol. 12, n° 1.

Leeuwis, C. (2000), « Learning to be Sustainable, Does the Dutch Agrarian Knowledge Market Fail? », *Journal of Agricultural Extension and Education*, vol. 7, n°2.

Leeuwis, C. et N. Aarts (2011), « Rethinking Communication in Innovation Processes: Creating Space for Change in Complex Systems », *The Journal of Agricultural Education and Extension*, vol. 17, n° 1.

Marsh S. et D. Pannell (2000), "Agricultural extension policy in Australia: the good, the bad and the misguided", *Australian Journal of Agricultural and Resource Economics*, Vol. 44, No. 4.

OCDE (2012a), *Politiques agricoles : suivi et évaluation 2012 : Pays de l'OCDE,* Éditions OCDE, Paris,
doi : dx.doi.org/10.1787/agr_pol-2012-fr.

OCDE (2012b), *Improving Agricultural Knowledge and Innovation Systems – OECD Conference Proceedings*, Éditions OCDE, Paris,
doi : dx.doi.org/10.1787/9789264167445-en.

OCDE (2012c), *Alimentation et agriculture*, Études de l'OCDE sur la croissance verte, Éditions OCDE, Paris,
doi : dx.doi.org/10.1787/9789264107892-fr.

Rivera, W.M., M.K. Qamar et H.K. Mwandemere (2005), *Enhancing coordination among AKIS/RD actors: an analytical and comparative review of country studies on agricultural knowledge and information systems for rural development (AKIS/RD)*, FAO, Rome.

Rivera, W. et G. Alex (2004), « Extension system reform and the challenges ahead », *Journal of Agricultural Education and Extension*, vol. 10, n° 1, pp. 23-36.

Rivera, W. et W. Zijp (2002), *Contracting for Agricultural Extension. International Case Studies and Emerging Practices*, CABI Publishing, Cambridge, MA.

Rivera, W. (2000), « Confronting global market: public sector agricultural extension reconsidered », *Journal of Extension Systems*, vol. 16.

De Rosa, M., L. Bartoli et S. Chiappini (2012), *The adoption of agricultural extension policies in the Italian farms*, Rapport préparé pour le 126e séminaire de l'EAAE : *New challenges for EU agricultural sector and rural areas. Which role for public policy?* Capri, Italie, 27-29 juin, ageconsearch.umn.edu/bitstream/126155/2/DeRosa%20Bartoli,Chiappini.pdf.

Swanson, B.E. (2006), « The changing role of agricultural extension in a global economy », *Journal of International Agricultural and Extension Education*, vol. 13, n° 3.

Teagasc (2013), *Knowledge Transfer Conference 2013: Future of Farm Advisory Services, Delivering Innovative Systems*, Dublin, www.teagasc.ie/events/2013/20130612.asp.

Union européenne-CPRA (2012), *Agricultural Knowledge and Innovation Systems in Transition – a reflection paper*, Comité permanent de la recherche agricole, Union européenne, Bruxelles, ec.europa.eu/research/bioeconomy/pdf/ki3211999enc_002.pdf.

UE-CPRA (2013), *Agricultural Knowledge and Innovation Systems Towards 2020 – An Orientation Paper on Linking Innovation and Research*, Comité permanent de la recherche agricole, Union européenne, Bruxelles, hec.europa.eu/research/bioeconomy/pdf/agricultural-knowledge-innovation-systems-towards-2020_en.pdf.

Waddington, H., B. Snilstveit, H. White et J. Anderson (2010), *The Impact of Agricultural Extension Services*, 3ie Synthetic Reviews SR00 9 Protocol, International Initiative for Impact Evaluation, www.3ieimpact.org/media/filer/2012/05/07/009%20Protocol.pdf.

Chapitre 3

Services de conseil, formation et initiatives de vulgarisation : les différents types d'action

On examine dans ce chapitre différents types d'action dans le domaine du conseil, de la formation et de la vulgarisation, notamment : conseil technique, transfert de connaissances agro-environnementales entre les chercheurs et les agriculteurs ou les conseillers, formation à la gestion agro-environnementale, initiatives de groupes de pairs et de coopératives et dispositifs reposant sur les technologies de l'information et des communications.

Aujourd'hui, dans la zone de l'OCDE, ces mesures couvrent un très large ensemble d'objectifs et de types de gestion environnementaux dans le contexte d'une entreprise agricole. Elles ont pour principe commun que la méconnaissance à la fois du concept et des aspects pratiques de la gestion environnementale chez beaucoup d'agriculteurs et d'autres acteurs est un obstacle potentiel à son adoption[1].

Il faut avoir conscience de la nécessité de remédier à ce problème, non seulement en qui concerne les agriculteurs mais aussi les autres intervenants dont l'expertise réside dans les méthodes de production agricole plutôt que dans la gestion environnementale des terres. Quand on met en place ces mesures, il faut souvent commencer par « former les formateurs et conseillers » et ensuite faire en sorte qu'ils aient accès à des sources de connaissances actualisées.

La grande majorité des dispositifs de conseil, formation ou vulgarisation sont à caractère facultatif : la participation ou l'engagement dépend de la décision de l'agriculteur, du gestionnaire de terres, du conseiller ou autre acteur qui *choisit* d'utiliser les possibilités offertes[2]. Ces mesures doivent donc présenter un certain attrait, en offrant généralement un ou plusieurs éléments que le groupe visé peut trouver utiles.

Il est clair que l'intérêt de cette participation pour un agriculteur donné dépendra de nombreux facteurs, tels que ses connaissances, perceptions et attitudes existantes ainsi que les aspects agricoles, économiques et environnementaux de son activité (voir le chapitre 4). Il existe plusieurs types de dispositifs de conseil, formation ou vulgarisation, qui peuvent être offerts isolément ou suivant différentes combinaisons ou séquences à des fins particulières et pour des contextes et des groupes cibles de « consommateurs » particuliers. Pour la présente étude, on distingue les quatre catégories suivantes, mais dans la pratique les différences ne sont pas toujours si tranchées :

- conseil et soutien techniques ;
- formation à la gestion agro-environnementale ;
- initiatives de groupes de pairs et de coopératives ;
- dispositifs reposant sur les technologies de l'information et des communications (TIC).

Conseil et soutien techniques

Pour être efficaces, le conseil et le soutien techniques pour l'introduction ou la poursuite de la gestion agro-environnementale ne consistent pas seulement à faire en sorte que les agriculteurs reçoivent des informations détaillées sur le type de gestion des terres requis et sur les changements éventuels que cela peut impliquer. C'est un processus plus complexe, qui ne peut commencer qu'avec l'acceptation par l'agriculteur de la nécessité d'adopter la forme de gestion agro-environnementale appropriée. Le processus de soutien technique peut se décomposer en une suite de chemins complexes et qui se chevauchent, notamment les relations entre éducation, recherche et vulgarisation, et en particulier l'aptitude des connaissances et des impacts à circuler dans toutes les directions (par exemple des agriculteurs vers les chercheurs par le biais des services de vulgarisation, au lieu d'un flux dans un seul sens, des services de vulgarisation vers les agriculteurs) (voir chapitre 4).

Cinq stades clés de la fourniture de conseil technique pour la gestion agro-environnementale ont pu être identifiés: i) sensibiliser les agriculteurs à la nécessité et aux avantages de l'action agro-environnementale ; ii) aider individuellement les agriculteurs à en apprécier l'utilité pour leur activité et l'effet sur cette dernière ; iii) le cas échéant, aider les agriculteurs dans le processus de décision et de candidature ; iv) aider les agriculteurs, leur main-d'œuvre et leurs conseillers à comprendre et à mettre en œuvre les changements requis ; et v) assurer un "suivi" technique et donner aux agriculteurs les moyens d'évaluer les résultats environnementaux. Le soutien et le conseil techniques pour le premier de ces stades peuvent être assez génériques et dispensés sous forme de documents imprimés, de codes de bonne pratique, d'ateliers de groupe ou par des sites Internet, bien que les entretiens individuels entre conseiller et agriculteur soient habituellement considérés comme efficaces à ce stade mais revêtent une plus grande importance encore dans les stades suivants où les agriculteurs doivent prendre des décisions détaillées concernant leurs propres terres.

Dans les États membres de l'**UE**, par exemple, diverses méthodes sont utilisées mais il y a peu de ciblage précis des agriculteurs dans l'application du mécanisme de conditionnalité du Système de conseil agricole (SCA) européen (encadré 3.1)[3]. Certains pays ont choisi de ne spécifier aucune population cible (par exemple, la **France**, la **Pologne** et beaucoup de Länder d'**Allemagne**), alors que d'autres axent leur stratégie sur les grandes exploitations (par exemple, les **Pays-Bas** et le **Danemark**) ou au contraire sur les petites (par exemple la Roumanie). Certains pays visent des catégories sociales particulières, comme les femmes ou les jeunes agriculteurs (par exemple, la Bulgarie et le **Portugal**) ; au **Royaume-Uni**, la structure du SCA comporte un aspect de zonage (en relation avec les « zones sensibles pour les nitrates » ou les zones cibles pour les plans d'urgence phytosanitaires).

Encadré 3.1. Le Système de conseil agricole (SCA) dans les États membres de l'UE

Pour être admis à recevoir des paiements directs dans le cadre de la Politique agricole commune (PAC), les agriculteurs de l'UE sont tenus de respecter des normes précises de bonne gestion agricole et environnementale et certains règlements en matière d'environnement et de santé et de bien-être des animaux. Depuis 2007, chacun des 27 États membres est légalement tenu d'établir un Système de conseil agricole (SCA) national avec l'objectif général d'aider les agriculteurs à respecter ces normes de conditionnalité. Dans environ la moitié d'entre eux, le SCA a été constitué comme un service spécifique qui complète les services de vulgarisation existants ; dans les autres pays, le SCA a été intégré aux services existants. Les organismes qui délivrent ce service aux agriculteurs sont sélectionnés par appel d'offres (dans 14 États) ou bien sont des prestataires privés ou publics désignés (5 États membres dans chacun de ces deux cas). La plupart des pays ont fixé un seuil de qualifications minimales pour les conseillers, de niveau universitaire (licence ou master scientifique).

En général, le premier contact avec le SCA a lieu par le biais de lignes d'assistance téléphonique, mais le conseil individuel au sein de l'exploitation est l'approche la plus adoptée, complétée par de petits groupes de discussion également sur place. Des outils d'information et listes de contrôle par ordinateur sont aussi employés dans un certain nombre de pays. Le conseil individuel dans l'exploitation est fourni gratuitement dans certains pays ; d'autres demandent à l'agriculteur une contribution (qui peut aller de 20 à 100 % du coût). Si le but principal des SCA est de sensibiliser les agriculteurs aux normes de conditionnalité, les États membres peuvent y ajouter des conseils sur d'autres questions. Environ la moitié des pays le font, en proposant des conseils sur des questions plus générales comme la compétitivité des exploitations, l'impact environnemental des pratiques agricoles ou l'aide à la mise en œuvre des mesures de développement rural telles que les contrats agro-environnementaux.

Jusqu'à présent, on a peu priorisé telle ou telle catégorie d'agriculteurs comme destinataire essentielle des services de conseil, à l'exception de l'obligation initiale des États membres de donner la priorité aux agriculteurs qui reçoivent plus de 15 000 EUR de paiements directs par an. Les principaux bénéficiaires du SCA jusqu'à présent sont les grandes exploitations, qui déjà connaissent bien les services de conseil existants. Les autorités de certains États membres déclarent avoir des difficultés à prendre contact avec les petites exploitations. Globalement dans l'UE, le nombre d'agriculteurs qui recourent aux services du SCA est assez limité (environ 5 % des bénéficiaires de paiements directs ont reçu des conseils individuels en 2008).

Les États membres peuvent également recevoir, dans le cadre de la composante de développement rural de la PAC, une somme couvrant en partie les dépenses liées à l'octroi d'une aide financière aux agriculteurs pour l'utilisation des services de conseil. Vingt d'entre eux prévoyaient d'aider par ce moyen plus d'un million d'agriculteurs sur la période 2007-13, avec un budget total de 871 millions EUR (Commission européenne, 2010).

Pour la période 2014-20, il est prévu d'élargir le champ du SCA pour couvrir, entre autres, les actions concernant les pratiques agricoles bénéfiques au climat, l'innovation et la promotion de l'entrepreneuriat.

Source : ec.europa.eu/agriculture/direct-support/cross-compliance/farm-advisory-system/index_fr.htm; http://eur-lex.europa.eu/LexUriServ/LexUriServ.do?uri=OJ:L:2013:347:0549:0607:fr:PDF.

Certains services de conseil et de soutien agro-environnementaux, au contraire, ont des objectifs assez spécifiques, quelquefois locaux, en matière de gestion des terres et d'environnement, souvent en conjonction avec des dispositifs d'incitations ciblées. Cette augmentation de la complexité et de la focalisation peut rendre nécessaire un processus interactif, notamment quand des questions propres à un site particulier sont susceptibles de se poser. L'encadré 3.2 présente deux exemples relatifs à la gestion d'espèces d'oiseaux particulières et un exemple concernant la protection de l'eau et la conservation de l'environnement.

Quand l'agriculteur manque d'expérience pour intégrer la gestion environnementale à ses activités, le conseil ciblé peut être un élément important dans sa prise de décision. Dans ce cas, un avis compétent et objectif peut être nécessaire pour identifier les synergies et résoudre les conflits potentiels entre l'objectif public de maximiser les avantages pour l'environnement et les besoins économiques de l'exploitation agricole. Ces services de conseil sont souvent, mais non toujours, financés par des fonds publics.

En **Angleterre**, par exemple, l'outil de comptabilité du carbone CALM est offert gratuitement par une association de propriétaires fonciers et une société de conseil (**encadré 3.3**). Dans le sud-est de la **Norvège**, le ministère de l'Alimentation et de l'Agriculture, l'Union des agriculteurs norvégiens et des conseillers agricoles, dans le cadre d'une collaboration public-privé, ont lancé un projet pilote à l'échelle du bassin hydrologique en vue de remédier à la pollution du Lac Vansjo causée par la lixiviation des engrais phosphatés provenant des exploitations agricoles du bassin (Øgaard, 2011).

Ce projet a apporté un soutien financier pour l'adoption de restrictions en matière de gestion des terres et les conseillers agricoles ont eu essentiellement pour rôle de fournir des conseils individuels aux agriculteurs dans les phases préliminaires de la planification environnementale et de l'établissement des contrats. Ils ont aussi éclairé les agriculteurs sur l'importance et les effets des pratiques d'atténuation qu'ils étaient en train d'adopter. On considère que ces conseils ont substantiellement contribué à la forte participation des agriculteurs.

L'agriculteur qui met en pratique un programme de conservation financé par les pouvoirs publics ne fait pas toujours la différence entre les besoins, liés mais distincts, de soutien administratif et de soutien technique. Pourtant, cette distinction est importante pour une bonne répartition des ressources, car ces deux fonctions requièrent souvent des compétences et des connaissances différentes. Afin d'optimiser l'utilisation des ressources en personnel, le Natural Resources Conservation Service (NRCS) aux **États-Unis** a lancé une initiative de rationalisation de ses services d'assistance en matière de conservation (Conservation Delivery Streamlining Initiative), qui vise d'une part à ce que le personnel technique de terrain ne passe pas moins de 75 % de son temps sur site avec ses clients et d'autre part à supprimer, automatiser ou réaffecter 80 % des tâches d'assistance administrative auxquelles il consacre actuellement du temps (Stubbs, 2010).

Encadré 3.2. Conseil technique visant la conservation des oiseaux des zones agricoles en Écosse (Royaume-Uni) et en Belgique et conseil agro-environnemental dans le sud-ouest de la Finlande

En Écosse (**Royaume-Uni**), les pâturages sont d'importants sites de reproduction pour des échassiers comme le courlis cendré, le vanneau huppé et le chevalier gambette. Le programme agro-environnemental établi par les autorités prévoit des options ciblées pour la gestion des marais et des prairies qui permettent de dresser des plans de gestion des terres propres à certains sites, mais les agriculteurs ont besoin pour cela d'une aide spécialisée. L'initiative *Strathspey Wetlands and Waders* a été lancée pour remédier au problème de la chute de la population locale d'échassiers dans la plaine inondable semi-naturelle de la Spey, où le nombre d'oiseaux nicheurs a diminué de 42 % entre 2000 et 2010. Le but était de favoriser une collaboration entre les défenseurs de l'environnement, les agriculteurs et les gestionnaires de terres, en vue de produire des plans de gestion de haute qualité adoptant une approche stratégique à l'égard du développement des habitats à l'échelle du paysage et d'encourager le recours aux paiements agro-environnementaux. Les propriétaires fonciers et les fermiers bénéficient de conseils de terrain très spécifiques concernant les habitats des oiseaux nicheurs, par exemple la hauteur d'herbe requise pour qu'ils puissent se nourrir, la proportion des pâturages où on laisse pousser les joncs et le nombre de mares. Il y a aussi d'autres formes de renforcement des capacités comme la formation, la recherche et la création de réseaux. Les conseils techniques sont dispensés par divers acteurs comme le Scottish Agricultural College, la Cairngorm National Park Authority, des conseillers agricoles indépendants et la Royal Society for the Protection of Birds (RSPB), ONG environnementale. D'après les chiffres recueillis en février 2012, 2 250 hectares sont inscrits à l'Initiative mais, malgré ce résultat positif et la meilleure gestion des marais, la population d'échassiers continue de baisser et la perspective d'une réduction du financement agro-environnemental en attendant l'achèvement du processus actuel de réforme de la CAP est un sujet de préoccupation pour la RSPB.

La région flamande de la **Belgique** offre un autre exemple de services ciblés d'information et de conseil aux agriculteurs pour agir contre la baisse des populations d'oiseaux des champs. Contrairement à l'exemple britannique, c'est une approche ascendante qui a été mise en place dans le cadre d'une coopération informelle entre des consultants, des agriculteurs, des meuniers, des boulangeries et des écoles de boulangerie à l'échelon régional. Ce projet, nommé *BakkerBrood*, visait à sensibiliser les céréaliers aux avantages que présente l'adoption de certaines pratiques de gestion des terres pour assurer la nourriture des oiseaux des champs en hiver. Le soutien technique fourni aux agriculteurs comprenait une formation, des démonstrations sur le terrain et des guides en ligne. Comme dans le cas de la Strathspey Wetlands and Waders Initiative, *BakkerBrood* a été favorablement accueilli et adopté dans une proportion appréciable par les gestionnaires de terres mais ses résultats pour les oiseaux sont plus encourageants, avec une augmentation des populations d'alouettes et de bruants proyers.

Un objectif central du projet TEHO Plus, mené dans la région sud-ouest de la **Finlande**, est le développement de services de conseil environnemental visant à sensibiliser les agriculteurs et à élaborer nouveaux moyens de cibler les mesures environnementales pour en accroître l'efficience, particulièrement dans le domaine de l'équilibre des nutriments, de la rotation des cultures, de la biodiversité, de la consommation d'énergie et de la texture des sols. Ces services sont fournis gratuitement aux agriculteurs. Sur la période 2008–13, plus de 200 visites de conseil ont eu lieu dans 175 exploitations agricoles. Ces activités, qui constituent un projet conjoint de l'Union des producteurs agricoles et du Centre pour le développement économique, les transports et l'environnement du sud-ouest de la Finlande, ont été financées par le ministère de l'Environnement et par le ministère de l'Agriculture. Il ressort de l'évaluation du projet que ces services de conseil : i) ont entraîné un changement d'attitude des agriculteurs ; ii) ont stimulé le recours au dispositif de soutien agro-environnemental dans la région (par exemple, zones tampons) ; et iii) ont produit un avantage social net positif (c'est-à-dire que les avantages pour la société découlant des services de conseil et le bienfait pour l'environnement – dans le cas présent les zones tampons – l'emportent sur les coûts des services). On a noté également que des conseils de haute qualité, accompagnés d'une information et de mesures environnementales ciblées conçues individuellement pour chaque exploitation, constituent le moyen le plus efficace d'obtenir un impact environnemental positif. Cela contribue aussi à changer les attitudes, notamment dans le cas où les mesures spécifiques appliquées à une exploitation s'avèrent bénéfiques aussi bien à l'environnement qu'à l'économie de cette dernière. On a constaté que les idées nouvelles étaient mieux acceptées quand elles venaient d'un conseiller expérimenté ou, encore mieux, d'un collègue ou d'un voisin. La coopération entre l'Union des producteurs agricoles et les autorités régionales responsables de l'environnement – traditionnellement antagonistes – figure aussi parmi les effets bénéfiques du projet.

Encadré 3.3. Le CALM – outil interactif de gestion du carbone au Royaume-Uni

Le CALM (*Carbon Accounting for Land Managers*) est un outil en ligne gratuit qui permet aux agriculteurs et aux gestionnaires de terres de calculer le bilan net des émissions de gaz à effet de serre (GES) des exploitations agricoles. Le CALM a été mis au point en **Angleterre** (Royaume-Uni) par une association de propriétaires fonciers (la Country Land and Business Association) en partenariat avec l'agence foncière privée Savills. Cet outil donne aux agriculteurs l'occasion de se familiariser avec des éléments techniques et les informe sur les émissions de GES produites par leur activité et sur leur potentiel de séquestration du carbone de manière à ce qu'ils puissent prendre les mesures appropriées pour réduire et compenser les émissions. Un aspect important de ce service est qu'il encourage le retour d'information des agriculteurs sur leurs performances.

Un exemple de l'utilisation du calculateur CALM est offert par l'exploitation ovine d'Alwinton, située dans le parc national du Northumberland au nord de l'Angleterre. Le calculateur a montré que le total des émissions de GES s'élevait à 3.2 CO2e/ha et qu'en plantant 13 hectares de bois en plus des 80 déjà existants, l'exploitation deviendrait « neutre en carbone » en compensant par séquestration ce volume d'émissions estimé.

Une critique adressée au calculateur CALM est qu'il se limite aux activités de l'exploitation et qu'il pourrait être plus exact s'il prenait compte les émissions associées à la production des intrants en amont, comme les aliments du bétail ou les engrais (Bright et al., 2008).

Source : www.calm.cla.org.uk/.

Transfert de connaissances agro-environnementales entre chercheurs et agriculteurs ou conseillers

Il est essentiel que les prestataires de services de conseil, de formation et d'initiatives de vulgarisation pour la gestion des terres, soient informés et se tiennent au courant des meilleures techniques de gestion environnementale existantes. Cela requiert un processus de transfert de savoir entre, d'un côté, les chercheurs et, de l'autre, les conseillers et les praticiens (agriculteurs). Comme on le verra dans le chapitre 4, les services de conseil agricole, la formation et les actions de vulgarisation font partie des systèmes SCIA plus généraux dans lesquels les connaissances et les innovations se créent, se diffusent et s'utilisent au sein du secteur agricole[4].

Cependant, d'après des recherches récentes au **Royaume-Uni**, le financement de la recherche ne couvre généralement pas la diffusion des résultats aux parties prenantes ou aux catégories intéressées, et des études qui pourraient s'avérer utiles ne dépassent pas le stade de la publication dans les revues savantes. Les établissements, les programmes et les projets de recherche pourraient souvent mieux tirer parti des conseillers pour l'échange des connaissances, et les organisations professionnelles et les universités, collèges universitaires et autres établissements de formation doivent réexaminer le type de compétences dont les conseillers de terrain ont besoin (RELU, 2011a).

Pour éviter les erreurs de compréhension ou d'interprétation, le transfert de connaissances entre les chercheurs et les agriculteurs nécessite une forme ou une autre de médiation. Une solution réside dans les recherches sur le terrain et dans la participation des utilisateurs finals à la diffusion de la recherche, remédiant ainsi à l'insuffisance potentielle des chercheurs qui élaborent des méthodes de gestion impraticables et à une mauvaise interprétation des recommandations techniques par les agriculteurs (Garforth, 1998). Les exemples de réussite de l'échange réciproque d'information présentés dans l'encadré 3.4 impliquent une collaboration entre de nombreux acteurs différents, notamment avec deux exemples des **États-Unis** où le principe est d'utiliser les résultats d'activités de recherche et d'innovation conduites dans une exploitation agricole pour éclairer les autres agriculteurs sur les pratiques optimales[5].

Encadré 3.4. Améliorer la circulation de l'information entre les chercheurs et les agriculteurs

Aux **Pays-Bas**, *Climate Farmers* a été mis en place par deux organisations de jeunes agriculteurs désireuses de combler l'écart de connaissances entre chercheurs et agriculteurs. Les chercheurs avaient mis au point de nombreuses techniques pour réduire les émissions de GES, mais rares étaient les agriculteurs qui les utilisaient. L'application de ces techniques dans les exploitations se heurtait à des difficultés, et certaines n'étaient pas rentables ; le projet a donc cherché à adapter les résultats de la recherche sous une forme accessible aux agriculteurs. Il recueille également des exemples de bonnes pratiques auprès des exploitations laitières ou de cultures de labour pour la réduction des émissions de GES. Ces informations sont présentées dans une petite brochure publiée en ligne qui décrit les pratiques en accompagnant chacune d'une étude de cas (Climate Farmers, 2012). Cette ressource en ligne est à la disposition de tous les agriculteurs mais elle est spécialement destinée aux jeunes agriculteurs en Europe.

En **Israël,** le gouvernement et les associations agricoles ont collaboré dans le cadre d'un récent projet de recherche visant à créer une base de données de statistiques économiques et agronomiques régionales, indiquant par exemple la taille et la structure des exploitations. Cette étude de l'Institut de recherche sur les revenus agricoles avait pour objectif premier de renforcer la capacité économique des agriculteurs israéliens. La participation des associations agricoles a dans ce cas joué un rôle fondamental en mobilisant la coopération des agriculteurs pour la collecte des données.

Aux **États-Unis**, l'Iowa Soybean Association administre un réseau baptisé *On-Farm Network* qui aide les agriculteurs à organiser et à mener des recherches dans leurs exploitations sur l'emploi des nutriments, pour suivre l'efficience de l'utilisation de l'azote dans les cultures. Le but est de réduire l'emploi de l'azote pour obtenir des effets positifs sur l'environnement et diminuer le coût des intrants. Les bonnes pratiques de gestion qui en résultent sont ensuite présentées aux autres membres de l'association.

Aux États-Unis, depuis 2004, il existe des subventions à l'innovation de conservation (*Conservation Innovation Grants* [CIG]) pour stimuler les approches innovantes visant à améliorer ou protéger l'environnement dans les zones agricoles. Les résultats sont censés apporter un retour sur l'investissement fédéral en contribuant à la banque d'outils techniques disponibles du NRCS. Un rapport récent au Congrès note que l'assistance technique a depuis longtemps pour base les principes scientifiques et il propose d'examiner dans quelle mesure la technologie issue des différents projets CIG s'incorpore à l'effort d'assistance technique national et si cela a aidé ou freiné l'application des nouvelles technologies par les producteurs dans le cadre des programmes fédéraux (Stubbs, 2010).

Conservation Evidence est une ressource en ligne gratuite (journal) établie par des scientifiques pour recueillir et résumer les données de la recherche à l'appui de l'utilisation de techniques de gestion agro-environnementales particulières dans les terres agricoles (www.ConservationEvidence.com). La base de données couvre, par exemple, des questions comme la création de marges non cultivées autour des champs et pâturages intensifs, la conversion de terres arables en prairies permanentes, le raccordement de zones d'habitat semi-naturel et l'aménagement de refuges pour les espèces sauvages pendant les périodes de moisson ou de fauchage.

Les fermes de démonstration peuvent être un moyen efficace pour le transfert de connaissances et pour changer les comportements des agriculteurs (LEAF, 2009). On a observé au **Royaume-Uni** que ce genre de dispositif – qui contribue à l'apprentissage, à la confiance et à la motivation – est particulièrement apprécié par les agriculteurs et est plus susceptible de produire des effets bénéfiques à long terme que ceux qui se limitent à la fourniture d'information (Defra, 2002). Présenter quelqu'un comme un modèle de bon comportement environnemental peut créer un effet d'entraînement et d'émulation (Slee et al., 2006).

La formation à la gestion agro-environnementale

La formation à des compétences agricoles ou de gestion spécifiques est depuis longtemps un élément important des services de vulgarisation dans l'agriculture mais elle joue maintenant un nouveau rôle pour la gestion environnementale des terres. La formation comporte souvent des échanges sur place avec les gestionnaires de terres, des journées sur le terrain, des forums, des ateliers de groupe et des brochures informatives. La technologie y joue un rôle grandissant, par exemple dans la formation en ligne ou passant par les téléphones mobiles.

Dans certains pays membres de l'**Union européenne**, la formation fait partie des mesures destinées à améliorer la compétitivité du secteur agricole et la gestion durable des ressources naturelles (Dwyer et al., 2012). En **France**, en **Autriche** et en **Italie**, par exemple, un des éléments de la formation professionnelle (dans le cadre de l'axe 1 du deuxième pilier de la PAC : Améliorer la compétitivité des secteurs agricoles et forestiers) concerne l'utilisation plus efficiente des engrais et constitue une condition requise pour d'autres types de soutien (comme l'aide à la modernisation des exploitations ou le soutien aux jeunes agriculteurs) pour assurer une bonne participation des agriculteurs. Des enseignements et des informations sont également proposés concernant l'efficacité énergétique, les possibilités de production d'énergie renouvelable et l'évolution en rapport avec les technologies environnementales (par exemple en **Belgique**, aux **Pays-Bas**, en **Suède** et au **Royaume-Uni**).

D'après des études récentes au **Royaume-Uni**, les programmes de formation améliorent les résultats des programmes agro-environnementaux à participation volontaire en modifiant l'attitude des agriculteurs participants de telle manière que ceux-ci soient plus motivés par les objectifs de conservation, et pas seulement par les paiements ; ils permettent aux agriculteurs de mieux comprendre les raisons sous-jacentes aux actions qu'on leur demande et comment les accomplir, et ils font en sorte que les agriculteurs acquièrent toutes les informations et compétences nécessaires pour rendre les interventions efficaces.

Au **Canada**, un des buts du programme des Plans agroenvironnementaux est d'entrer en contact avec les producteurs et de les sensibiliser aux questions agro-environnementales et aux bonnes pratiques de gestion pour influer sur leur adoption, au-delà de celles qui font l'objet d'incitations financières. Les études réalisées dans certains pays indiquent qu'il importe d'axer la formation sur les aspects pratiques et qu'elle soit dispensée par des professionnels ayant une expérience agricole qui puissent gagner le respect des agriculteurs (RELU, 2011b).

La formation ne s'applique seulement aux gestionnaires des terres. La qualité des services de conseil dépend fortement des compétences des conseillers, telles que l'aptitude de ces derniers à donner des avis adéquats, pertinents et facilement compréhensibles par le bénéficiaire.

Il est difficile d'attirer des conseillers qualifiés pourvus de compétences variées et polyvalentes dans le secteur agricole et il est nécessaire de former les conseillers agro-environnementaux et aussi les agronomes. Le conseil étant de plus en plus gouverné non plus par l'offre mais par la demande, les conseillers sont tenus d'acquérir de nouvelles compétences concordant avec l'évolution des besoins des agriculteurs. D'un côté, il faut étendre les compétences des conseillers de manière à couvrir un large spectre de sujets et, de l'autre, il faut leur apporter une formation spécialisée pour qu'ils atteignent une haute qualification dans des sujets particuliers.

Les conseillers ont besoin d'accéder aux meilleures connaissances scientifiques et techniques existantes. Cela se fait dans des activités « d'arrière-plan » quand les conseillers suivent des cours, mettent à jour des bases de connaissances externes, construisent des bases de données, passent en revue les expériences scientifiques et consultent les publications scientifiques et techniques, etc. Aussi bien la mobilisation que la production de ces connaissances peut faire intervenir diverses configurations de coopération institutionnelle, comme on le voit dans un certain nombre d'approches (Klerxk et Jansen, 2010 ; Labarthe, 2005).

Dans une étude sur l'innovation dans l'agriculture et le développement rural, Knickel et al. (2009) indiquent qu'il existe souvent un écart entre, d'un côté, la nécessité de changer et le consentement des agriculteurs à s'adapter et, de l'autre, un manque de capacité des organismes chargés de l'innovation et des services de conseil pour apporter un soutien à ce changement. Ils affirment que les institutions, les administrations et les services de vulgarisation peuvent devenir des obstacles au progrès s'ils ne reconnaissent pas que les besoins des agriculteurs et de la société ont changé.

Dans une étude où ils analysent la profession de conseiller, Remy et al. (2006) illustrent la diversité et l'étendue des connaissances et compétences nouvelles nécessaires aux conseillers agricoles en **France** pour gérer la dimension technique (production, gestion, administration, etc.) ou les aspects interpersonnels du conseil.

Garforth (2011) fait observer que le personnel formé dans la tradition du « transfert de technologie » peut avoir besoin de se convertir à une approche plus participative et interactive. Dans une étude sur la formation des jeunes agriculteurs en **Grèce**, Labarthe et Laurent (2009) soulignent la nécessité d'un changement culturel pour que le type de système de vulgarisation conduit du sommet par des experts laisse la place à une approche pluridisciplinaire fondée sur l'apprentissage transformateur, avec une participation des agriculteurs à la conception des dispositifs de formation, ainsi que de cours d'université sur la vulgarisation agricole.

Un projet pilote innovant au **Royaume-Uni** propose une inversion intéressante des rôles en faisant appel à des agriculteurs de moyenne montagne expérimentés pour former les conseillers environnementaux publics. Ces derniers acquerront une expérience agricole de première main avant de conseiller eux-mêmes les agriculteurs pour l'établissement des contrats individuels de gestion agro-environnementale. On espère que cette formation améliorera l'intégration de l'environnement au système agricole et ainsi la rentabilité des actions et les résultats environnementaux[6].

Les initiatives de formation ont un degré de réussite variable, leur conception et leur exécution pouvant se heurter à différents problèmes (Dwyer et al., 2012 ; Faure, Desjeux et Gasselin, 2012 et 2011 ; Laurent, Cerf et Labarthe, 2006). Une question clé est de savoir s'il est possible d'atteindre le public cible en comptant seulement sur des programmes à participation volontaire, qui peuvent manquer d'attrait pour les agriculteurs concernés. Une formation obligatoire pourrait toutefois n'être efficace que dans certaines conditions.

En **Estonie**, pour remédier à une faible adoption des mesures agro-environnementales à participation volontaire, des séances de formation elles aussi à participation volontaire ont été organisées pour améliorer la connaissance de la gestion environnementale des terres chez les agriculteurs. Ces ateliers avaient pour but de faciliter l'entraide entre les agriculteurs et la poursuite de leur engagement dans la gestion environnementale des terres, par exemple par un retour d'information à destination du processus d'évaluation du dispositif en cours. Ces ateliers de formation ont aussi donné aux agriculteurs l'occasion d'échanger leur expérience des bonnes pratiques et ont permis une communication réciproque directe entre les agriculteurs et les autorités gestionnaires.

Après avoir noté que les conseillers ont des besoins de formation importants, certains auteurs (par exemple, Ludwig (2007) aux **États-Unis**) montrent qu'il convient de réviser la formation initiale des conseillers de développement rural afin de mieux prendre en compte les réalités locales et d'améliorer les compétences requises pour aider les agriculteurs à concevoir et à mettre en œuvre leurs propres projets.

Höckert et Ljung (2013) analysent les efforts menés en **Suède** au cours des 15 ans précédents pour adapter les services de conseil aux demandes nouvelles. Ils considèrent les efforts explicitement destinés à aider les agriculteurs à devenir plus compétitifs et viables dans une perspective de développement agricole durable. Le rôle traditionnel d'expert endossé par les conseillers est mis en question.

La formation, en particulier au niveau individuel et pour les petits groupes, peut être coûteuse. Souvent, les agriculteurs ne sont pas disposés à supporter eux-mêmes les coûts directs de la formation environnementale et dans certains cas ils ne souhaitent pas non plus y sacrifier du temps. En conséquence, ces coûts sont couramment pris en charge, en tout ou en partie, par des fonds publics. Les ONG peuvent aussi financer des initiatives de formation.

L'encadré 3.5 présente deux exemples de la réussite de programmes conduits par des ONG, aux **États-Unis** et en **Turquie**.

Il existe également des formations agro-environnementales privées, en particulier quand un élément de marché intervient, comme dans le cas des exploitations biologiques. En **Suisse**, par exemple, l'Institut de recherche de l'agriculture biologique propose aux agriculteurs une formation payante individuelle, spécialisée dans les systèmes de production biologique[7]. Il propose également une série de cours et des placements en apprentissage et fournit des informations par le biais de publications et de guides, en appui à la formation. En **Autriche** et en **Allemagne,** il existe un service similaire pour les agriculteurs biologiques, mais dont les composantes de formation ne sont pas encore aussi développées.

Encadré 3.5. Exemples de la réussite de programmes de formation conduits par des ONG au Nebraska (États-Unis) et en Turquie

Aux **États-Unis**, la fondation privée *eXtension Foundation* a financé un programme de formation non gouvernemental organisé par l'Université du Nebraska Lincoln (UNL) qui a enregistré une participation assez élevée et qui a reçu des commentaires favorables des participants. Le service de vulgarisation de l'UNL a offert des séances d'instruction individuelles dans les exploitations et des ateliers de deux jours sur la gestion durable de l'eau dans l'agriculture. La protection des ressources en eau revêt une importance particulière au Nebraska, dont le sous-sol renferme le grand aquifère au monde et qui a dû imposer des limites à l'utilisation de l'eau sur environ sur 35 % de ses terres agricoles irriguées. On a jugé qu'il était nécessaire que les irrigants acquièrent une meilleure compréhension des principes de l'irrigation et des technologies existantes. En 2011, 1 450 producteurs et consultants (représentant 5 millions d'hectares de terres cultivées) ont suivi la formation proposée par le service. Sur les 300 participants qui ont fait part de leurs commentaires, 88 % déclarent avoir modifié leur consommation d'eau à la suite de cette formation, leur permettant d'économiser en 2011 un total de 8.5 millions USD de coûts de pompage sur les 352 000 hectares correspondants. Au total, le volume d'eau pompé a diminué de 184 millions m^3, soit 18 % du réservoir du Comté de Harlan (UNL, 2011).

Le programme de formation à distance *HasNa* de Diyarbakir, dans le sud-est de la **Turquie,** a été financé par une organisation américaine à but non lucratif dont l'action vise à renforcer les capacités en matière de développement durable par une collaboration et la mise en place de partenariats locaux (hasna.org/program-countries/turkey/distance-education/). Les producteurs de fruits et légumes de Diyarbakir ne possédaient pas les connaissances nécessaires pour combattre efficacement les maladies et parasites qui touchaient leurs cultures et leur bétail sans créer des coûts substantiels pour l'environnement, malgré de nombreux programmes de recherche régionaux visant à élaborer des techniques appropriées. Pour faciliter le transfert d'informations entre ces deux catégories d'acteurs, HasNa a établi un programme de formation à distance pour permettre aux producteurs locaux de bénéficier des résultats de recherche des experts nationaux dans le contexte difficile des maladies, des parasites et des conditions climatiques touchant la production agricole dans cette région. Le programme pilote a été considéré comme un succès, par le degré de participation obtenu et l'amélioration notable des connaissances des agriculteurs. La deuxième phase du projet vise à accroître la participation et à former un plus grand nombre d'exploitants.

Initiatives de groupes de pairs et de coopératives

Les approches collectives à l'égard de la vulgarisation agricole sont courantes depuis de nombreuses années et on connaît mieux maintenant leurs points forts et leurs points faibles et les raisons de leur efficacité. Leur orientation vers des objectifs comme l'apprentissage social, le développement et la solidarité de groupe, le renforcement du capital social, l'action collective et l'autonomisation contribue à expliquer leur réussite dans de nombreux contextes (Garforth, 2011).

Les initiatives de groupe favorisent un dialogue réciproque entre les animateurs-formateurs et les agriculteurs (« dialogue des connaissances »). Elles permettent aux animateurs d'observer et de mieux comprendre ce qui rend les agriculteurs particulièrement réceptifs aux conseils et peuvent apporter aux agriculteurs les compétences et l'inspiration pour transformer un changement d'attitude en un changement de comportement.

Les réseaux d'exploitations agricoles locaux donnent une possibilité de faire le lien entre les services de conseil pour l'activité agricole et le changement de comportement environnemental. On a observé que les agriculteurs sont moins réceptifs au conseil qui a été élaboré sans qu'ils aient l'occasion de participer ; ainsi, les réseaux d'agriculteurs locaux ont une influence positive sur le recours aux services de conseil (Dwyer et al., 2007). La coopération et le partenariat avec les réseaux, les intermédiaires et les autres parties en présence pourraient être un moyen efficace et efficient d'entrer en contact avec la communauté agricole. En outre, la participation de la collectivité et des parties prenantes crée une cohésion propice à l'adoption.

L'étude de cas sur l'évaluation du Sustainable Farming Fund en **Nouvelle-Zélande** montre que son mécanisme et son approche – en demandant une substantielle participation de la collectivité et des parties prenantes – ont généré une capacité et une cohésion des producteurs et de la collectivité. Ces facteurs augmentent les chances que les résultats du projet soient plus largement adoptés et que le développement continue (Bell et Yap, 2015).

Landcare en **Australie** offre l'exemple intéressant d'un service communautaire élaboré localement qui a pris de l'ampleur au point de devenir un programme à l'échelle nationale financé par l'État, sans perdre son caractère de groupe de pairs ni son ancrage dans les communautés locales (encadré 3.6). La plupart des initiatives de coopératives ou de groupes de pairs sont de taille beaucoup plus petite que Landcare, mais il existe d'autres exemples de dispositifs nationaux qui se sont développés à partir d'une petite base dans la communauté agricole, comme aux **Pays-Bas** ou avec les plans collectifs agro-environnementaux au **Canada**.

Encadré 3.6. Le programme australien Landcare, service composé de 4 000 groupes de pairs financé par l'État

Landcare a débuté en Australie dans les années 80 sous la forme d'une initiative autonome de groupes d'agriculteurs inquiets de la dégradation des sols locaux sous l'effet de l'érosion et de la salinisation, de la perte d'habitats, de la pollution diffuse des eaux, de la perturbation des écosystèmes des zones humides, etc. Landcare compte aujourd'hui 4 000 groupes qui conduisent à l'échelon local des études, des analyses et des actions cofinancées par les pouvoirs publics, les entreprises et les membres des groupes. Même si le programme reçoit une aide considérable des autorités nationales (au total, 1 milliard AUD environ sur les 18 dernières années), sa force réside dans le fait qu'il reste coordonné et géré au niveau local. Son approche ascendante, « du peuple, par le peuple, pour le peuple », est considérée comme la clé de sa réussite dans la gestion durable des terres. Les agriculteurs en constituent une composante essentielle ; ils sont toujours présents dans les discussions et la majorité des participants sont bénévoles. Le principal objectif est la sensibilisation au problème de la dégradation des terres et à la nécessité de les utiliser et de les gérer de manière durable. Landcare fournit un large éventail de services de soutien : élaboration d'objectifs et de stratégies régionaux et locaux ; recherche et développement des bonnes pratiques ; services de vulgarisation, d'accompagnement et de formation destinés aux agriculteurs ; coordination des programmes de financement et des partenariats institutionnels au niveau national, régional et local ; suivi et évaluation. Landcare mène avec succès son action de sensibilisation dans les communautés locales, mais certains pensent qu'il faudrait une plus grande cohérence entre ces dernières, en particulier dans l'élaboration des stratégies de ce programme et l'équilibre entre les salariés et les bénévoles (Youl et al., 2006).

Un exemple tiré de la région des Upper Burdekin Rangelands dans le Queensland illustre l'approche des services de vulgarisation agricole de Landcare, qui proposent des conseils, des journées sur le terrain, des forums et des démonstrations destinés à la fois à améliorer les ressources naturelles et la productivité et la gestion globales des exploitations. En quatre ans, un animateur de Landcare a assuré la réussite de 94 projets individuels qui ont mobilisé 33 % des herbagers de la région et influé sur la gestion de plus de 1.2 million d'hectares. Son travail a notablement contribué à l'obtention de 2.2 millions AUD de financement public, au niveau fédéral et de l'État du Queensland, qui se sont accompagnés d'un apport en nature de 2.3 millions AUD de Landcare.

Depuis la mise en place du programme, la sensibilisation et les connaissances relatives à l'utilisation durable des terres et à leur dégradation ont considérablement progressé. En 2007, 85 % des Australiens connaissaient au moins une activité de Landcare et 41 % des agriculteurs participaient aux projets Landcare locaux (Department of Agriculture, Fisheries and Forestry, Commonwealth d'Australie, 2008). L'adoption de cette approche locale dans d'autres pays de l'OCDE (**Nouvelle-Zélande**, **États-Unis**, **Canada**, **Islande** et **Royaume-Uni**) est un autre signe du succès de Landcare.

Les groupes de pairs peuvent être complètement autonomes ou recevoir l'assistance d'organismes publics ou d'ONG dans le cadre d'un service de vulgarisation. En **Irlande**, par exemple, les groupes de discussion agricoles, qui s'inspirent des Monitor Farms de Nouvelle-Zélande, constituent un des moyens d'interaction les plus importants entre les conseillers du secteur public et leurs clients agriculteurs (Teagasc, 2008). Actuellement, Teagasc (autorité du développement agricole et alimentaire) anime un total de 697 groupes de discussion, couvrant la production laitière, bovine, ovine et les cultures de labour, auxquels participent 12 000 agriculteurs. Depuis 2009, la politique gouvernementale, par le biais du ministère de l'Agriculture, de l'Alimentation et de la Marine, soutient la croissance des effectifs des groupes de discussion au moyen du Dairy Efficiency Programme (DEP), du Beef Technology Adoption Programme et du Sheep Technology Adoption Programme. Une évaluation indépendante sur l'impact de la participation aux groupes de discussion laitiers a montré que le Dairy Efficiency Programme a réussi à élargir l'audience des groupes de discussion en attirant de plus petits exploitants, de régions relativement désavantagées (Teagasc, 2013b). En outre, on a constaté que les membres des groupes de discussion sont plus enclins à adopter les nouvelles technologies et les bonnes pratiques de gestion et obtiennent de meilleurs résultats économiques que les autres agriculteurs. On considère que la vulgarisation d'agriculteur à agriculteur assure une diffusion plus efficace de l'information, aussi bien pour le volume que pour la rapidité de l'adoption (Garforth, 1998)[8].

Les exemples d'initiatives, en prédominance locales, de coopératives ou de groupes de pairs sont de plus en plus nombreux, en particulier en Europe. Ces initiatives revêtent des formes variées, comme le montrent les cas suivants. Aux **Pays-Bas,** les *coopératives environnementales* soutiennent des groupes d'agriculteurs candidats aux dispositifs agro-environnementaux à participation volontaire et c'est devenu un moyen éprouvé de distribuer une aide agro-environnementale partiellement financée par l'UE. Les avantages pour les agriculteurs sont une réduction des coûts de transaction et une meilleure connaissance des questions agro-environnementales ; pour le gouvernement, ces coopératives offrent un point de contact unique pour diffuser l'information et améliorer la qualité des candidatures. Pour réussir, les projets doivent présenter les caractéristiques fondamentales suivantes : être organisés localement, par les gestionnaires de terres, suivre une approche ascendante et avoir leur propre ordre du jour participatif (Franks et McGloin, 2006). Un des atouts essentiels de cette approche est sa capacité d'appliquer des mesures environnementales à l'échelle du paysage ou du bassin hydrographique.

En **Espagne**, l'*Union des petits agriculteurs* a lancé en Galice, dans le nord-ouest du pays, la campagne d'information *Cambiar el Cambio* (Changer le changement)[9] destinée à sensibiliser les agriculteurs à la question du changement climatique. La méconnaissance de cette question constituait un obstacle important à l'adaptation des secteurs agricole et forestier au changement climatique, comme le montrait clairement une enquête réalisée au début du projet pour recueillir le point de vue des acteurs ruraux en Galice à ce sujet. Par exemple, alors que les agriculteurs et les forestiers avaient bien conscience de la multiplication des parasites, des épidémies et des feux de forêt au cours des années précédentes, ils n'associaient pas ces phénomènes au changement climatique. Le projet *Cambiar el Cambio*, d'une durée de deux ans, s'est attaché à diffuser des informations à l'intention des agriculteurs sur le changement climatique avec des « écoguides », brochures, posters et matériel didactique et de conférence. Un objectif annexe était de faciliter la création de réseaux entre les agriculteurs, les conseillers agricoles et les autorités régionales. À la suite de cette campagne d'information, la perception des agriculteurs de Galice concernant les mesures d'adaptation et d'atténuation dans le secteur agricole et forestier s'est améliorée (Unión Agrarias, 2010).

En **Suède**, l'initiative *Focus on Nutrients* s'appuie sur les groupes de pairs pour modifier le comportement des agriculteurs, première étape en vue d'atteindre les objectifs de qualité environnementale nationaux[10]. Le but essentiel est de sensibiliser les agriculteurs à l'importance de l'eutrophisation zéro, d'une bonne qualité des eaux souterraines, de la non-toxicité de l'environnement, de la vitalité des zones humides et de la réduction des effets climatiques (Greppa Näringen, 2012). Le service de conseil est coordonné par l'Union des agriculteurs de Suède en collaboration avec le Conseil suédois de l'agriculture, les conseils administratifs des comtés et des sociétés de conseil agricole. Il met à la disposition des agriculteurs un personnel qui les conseille directement sur les questions climatiques et sur la protection des plantes et également un service de conseil en ligne disponible en permanence. Il s'adresse aux agriculteurs à temps plein et compte actuellement 9 500 membres représentant 34 % des terres arables de la région. Les agriculteurs en sont très satisfaits : 75 % déclarent être plus respectueux de l'environnement depuis qu'ils ont reçu des conseils de ce service et toutes les exploitations participantes enregistrent une baisse de l'excédent de nutriments, avec une réduction de 800 tonnes par an de la lixiviation de l'azote et de 15 à 30 tonnes par an de la lixiviation du phosphore (Greppa Näringen, op. cit.).

En **Angleterre**, des organismes publics comme Natural England fournissent des conseils pour la gestion des terres et organisent régulièrement des événements qui sont des lieux de rencontre pour les réseaux d'agriculteurs. Ces événements attirent des exposants qui offrent des conseils techniques et ils constituent un autre moyen de localiser les réseaux d'agriculteurs et d'exercer sur eux une influence. Ils fournissent généralement l'occasion de dispenser des conseils individuels. Le *Forum for Sustainable Farming* informe les producteurs sur les normes de l'agriculture durable, les encourage à suivre les conseils de bonnes pratiques et à échanger des idées pour favoriser l'innovation dans les exploitations membres.

En plus de leur utilité pour dispenser des services de conseil, de formation et de vulgarisation, les groupes de pairs peuvent aussi offrir aux gestionnaires de terres un appui pour persuader les autorités régionales et nationales d'améliorer les politiques de gestion environnementale des terres, comme le montrent les exemples du **Chili** et de la **République tchèque** dans l'encadré 3.7.

Encadré 3.7. Les initiatives des groupes de pairs influent sur les politiques au Chili et en République tchèque

Tierra Viva est une initiative d'un groupe d'agriculteurs et d'écologistes désireux de promouvoir l'agriculture biologique au Chili (www.vivatierra.com/chile/). Ils ont établi un réseau permettant aux agriculteurs d'échanger leur expérience des bonnes pratiques et de faciliter la commercialisation des produits biologiques. En plus du soutien apporté aux agriculteurs, Tierra Viva a agi avec succès auprès du gouvernement chilien pour qu'il présente un projet de loi sur la certification biologique des produits agricoles, qui a été voté en 2006.

En République tchèque, un groupe de chasseurs a pris contact avec les agriculteurs de la région pour les convaincre de recourir à un dispositif gouvernemental de subventions à la gestion de la biodiversité locale qu'ils jugeaient important pour préserver les espèces sauvages locales et leurs habitats, et donc bénéfique pour la chasse. Ce groupe est devenu pour les agriculteurs une source majeure d'informations concernant ces mesures et il a aussi établi un réseau de correspondants pour faciliter l'adhésion au dispositif. Cet exemple d'aide mutuelle entre deux groupes de pairs a eu pour conséquence remarquable qu'au vu de ce succès, le gouvernement prévoit de mettre à l'œuvre, à l'avenir, des agents pour faciliter l'adhésion des agriculteurs à ce genre de dispositifs.

Dispositifs reposant sur les technologies de l'information et des communications (TIC)

Dans ce domaine en évolution rapide, les agriculteurs, les propriétaires fonciers et leurs conseillers ont un besoin croissant d'informations au quotidien sur des questions de plus en plus variées comme la météorologie, le changement climatique, la biodiversité, les conditions agronomiques, environnementales et climatiques, les pratiques de production et l'innovation, l'utilisation des terres, de l'eau et d'autres intrants, les marchés, la situation économique et les politiques et réglementations en vigueur (OCDE, 2012). Le transfert d'information est un processus bidirectionnel, qui profite à la fois aux autorités publiques et aux agriculteurs.

Les systèmes d'alerte avancée offrent un moyen de mettre à l'œuvre les TIC pour améliorer la capacité de gestion des agriculteurs. Ces dispositifs sont de plus en plus nécessaires dans le domaine de l'agriculture, du fait de la vulnérabilité croissante des systèmes de production face au changement climatique (Hjerp et al., 2011). Aux **États-Unis**, par exemple, à la suite de la pire sécheresse depuis 25 années, le ministère de l'Agriculture des États-Unis (USDA) a lancé, à l'automne 2012, un appel aux développeurs de logiciel pour qu'ils créent une « appli » de smartphone qui permettrait aux cultivateurs et aux éleveurs frappés par la sécheresse d'accéder en un clic au centre de services le plus proche de l'USDA et aux programmes consacrés à ce problème. Si l'industrie des TIC peut relever ce défi, les agriculteurs pourront facilement accéder à des informations sur : l'aide gouvernementale, différenciée par lieu et par secteur ; les types de prêts ou options de refinancement (avec un dispositif indiquant les conditions requises et permettant de calculer aisément un échéancier) ; des cartes géographiques de la sécheresse ; et des prévisions météorologiques locales[11].

En **Nouvelle-Zélande**, le gouvernement a lancé l'initiative *FarmsOnLine*[12] en 2011. C'est une base de données gouvernementale, qui réunit l'information existante sur la propriété et la gestion des terres rurales, l'utilisation des terres, les effectifs de bétail et les cultures. Elle fournit une plate-forme pour l'information rurale qui est vitale lorsque survient une maladie comme la fièvre aphteuse ou lors de situations d'urgence comme en cas d'inondations. L'amélioration des temps de réponse dans de telles circonstances peut considérablement réduire les pertes subies par les agriculteurs et l'économie du pays.

Les agriculteurs sont de plus en plus nombreux à utiliser l'Internet pour obtenir des informations et des conseils et c'est une tendance de fond. En **Angleterre**, 42 % recherchaient des conseils en ligne en 2006 ; en 2010, 45 % des éleveurs utilisaient l'Internet pour obtenir des informations sur les intrants agricoles mais les producteurs laitiers étaient plus nombreux (49 %) tandis que seulement 42 % des éleveurs d'ovins recouraient à l'Internet pour ce genre d'information (NFRU, 2010).

En **France**, l'Institut national de la recherche agronomique (INRA) a mis en place l'outil de diagnostic DIAGNOPLAN, qui permet d'identifier et de localiser les maladies parasitaires sur le terrain. Les agriculteurs peuvent envoyer par smartphone des photos de leurs cultures contaminées et recevoir des conseils d'un spécialiste[13].

Aux **États-Unis**, d'après les estimations de l'USDA sur l'utilisation et la possession d'ordinateurs dans les exploitations agricoles, 67 % des exploitations dans le pays avaient accès à un ordinateur en 2013, soit 5 points de pourcentage de plus qu'en 2011, bien que seulement 40 % déclarent l'utiliser pour l'activité agricole. Par catégorie économique, l'utilisation des ordinateurs augmente, en général, avec le total du chiffre d'affaires et des subventions publiques de l'exploitation (USDA, 2013)[14].

Des initiatives à base informatique visant à promouvoir la durabilité ont aussi été élaborées et mises en application par le secteur privé. On peut mentionner par exemple le Cool Farm Tool (CFT), originellement mis au point par Unilever et des chercheurs de l'Université d'Aberdeen[15], qui est un calculateur permettant d'estimer les émissions de gaz à effet de serre au niveau de l'exploitation ; cet outil est proposé gratuitement en ligne aux agriculteurs pour les aider à mesurer l'empreinte carbone de leur production végétale ou animale. Le CFT a pour base des recherches empiriques effectuées sur un large éventail d'ensembles de données publiés. À la différence de beaucoup d'autres calculateurs de gaz à effet de serre agricoles, cet outil permet aussi d'estimer les possibilités de séquestration du carbone dans le sol.

Encadré 3.8. L'action gouvernementale en faveur de l'accès haut débit à l'Internet et de son utilisation aux États-Unis

L'offre de l'infrastructure et des services Internet haut débit aux États-Unis est en grande partie financée par le secteur privé. Néanmoins, en raison des avantages économiques et sociaux que l'on voit dans cette technologie, un certain nombre de programmes et de mesures publiques visent à encourager l'investissement dans les zones rurales. L'action des autorités fédérales et des États contribue à accroître la disponibilité du haut débit dans les zones rurales, en général en apportant des fonds complémentaires au financement privé.

La politique publique du haut débit comprend deux catégories : (i) les programmes qui encouragent l'investissement dans le matériel et le logiciel destinés aux réseaux haut débit et (ii) les programmes qui encouragent une plus grande utilisation de l'Internet. Le Rural Utilities Service (RUS) de l'USDA est l'agence fédérale de pointe pour l'accroissement de l'accès haut débit dans les zones rurales avec trois grands programmes :

- Le programme classique du RUS consacré aux télécommunications rurales, visant à améliorer ou à étendre l'infrastructure. Pour les candidatures à des prêts, le RUS exige que les installations de communications qui bénéficient de son aide financière soient capables de fournir aux entreprises et aux ménages un service Internet haut débit.
- Le programme de prêts du RUS destiné au haut débit (renouvelé par des Lois agricoles périodiques), qui a prêté plus de 1 milliard USD aux fournisseurs ruraux pour la construction d'installations assurant le haut débit au cours de la dernière décennie.
- Le programme de subventions Community Connect pour le haut débit, au bénéfice des collectivités rurales les moins susceptibles de se voir offrir ce type de service.

Source : Stenberg, P. (2013), *Rural Broadband At A Glance, 2013 Edition*, USDA/ERS, Economic Brief, No. EB-23, http://www.ers.usda.gov/publications/eb-economic-brief/eb23.aspx; Stenberg et al. (2009), *Broadband Internet's Value for Rural America*, USDA/ERS, Economic Research Report No. ERR-78, www.ers.usda.gov/publications/err-economic-research-report/err78.aspx.

Pour être utiles, les informations doivent être accessibles aux agriculteurs et aux autres gestionnaires de terres, ce qui requiert une panoplie d'outils et techniques de communication variés pour répondre aux besoins de chacun et faire en sorte que le « message » soit clair et facilement compris par les destinataires et adapté à leur situation particulière. L'information électronique, notamment reposant sur la technologie des SIG, revêt une importance croissante pour les agriculteurs, qui sont aujourd'hui nombreux à pouvoir accéder facilement à des informations agro-environnementales détaillées et cartographiées concernant leur propre exploitation.

Ces informations portent sur les zones naturelles présentant une importance particulière et sur les zones aux sols fragiles, fournissent des données sur les bassins hydrographiques, et facilitent la gestion agro-environnementale des terres. Les autorités publiques peuvent elles aussi y recourir pour le suivi de la gestion des terres et, pour cette raison, ces données sont souvent recueillies à l'échelle nationale et couramment fournies par les organismes de conseil publics. Évidemment, ce recours aux technologies modernes pour améliorer les capacités des agriculteurs risque d'engendrer une discrimination involontaire à l'égard des acteurs ruraux qui n'ont pas d'accès à l'Internet.

On observe qu'avec l'avancée de l'économie numérique, un nombre grandissant d'activités ont lieu sur l'Internet, offrant la possibilité de réduire les contraintes géographiques, d'accroître l'efficience et d'améliorer les perspectives de croissance pour les communautés rurales ; toutefois, ces communautés peuvent avoir plus de difficultés à profiter de cette croissance parce qu'il n'est pas toujours possible d'y obtenir des connexions Internet haut débit (qui offrent un accès à l'Internet plus rapide que l'accès commuté) et que les ménages ruraux ne les adoptent pas aussi couramment que les ménages urbains (SCAR-UE, 2013 ; USDA, 2013).

Pour cette raison, on avance souvent l'idée qu'une aide ciblée pour la fourniture d'outils informatiques faciliterait l'accès à l'information immédiate dont les producteurs ont besoin pour prendre leurs décisions (marchés, mesures en vigueur, météorologie) et offrirait aussi une voie d'accès vers des services de vulgarisation de type particulier (OCDE, 2012).

L'information cartographique, par sa précision spatiale, est particulièrement utile pour éclairer et guider les décisions en rapport avec l'environnement dans les exploitations agricoles. La **République tchèque** en offre un bon exemple, avec le service public Internet d'identification des parcelles *(iLPIS)* qui est mis gratuitement à la disposition des agriculteurs et leur fournit les informations dont ils ont besoin pour se conformer aux règles de conditionnalité de la PAC et pour soumettre une demande de paiements au titre de la gestion agro-environnementale. Au moyen de cartes et d'orthophotographies, ce service en ligne fournit des informations détaillées au niveau de chaque parcelle concernant, par exemple :

- les dispositifs en vigueur et les zones désignées dans le cadre de la PAC ou d'autres mesures (zones défavorisées, zones sensibles pour les nitrates ou zones de protection des espèces sauvages) ;
- les types de paysages, leurs caractéristiques et la responsabilité de leur gestion ;
- les zones de reproduction des oiseaux des champs et les habitats de prairie semi-naturels ;
- l'utilisation de nutriments enregistrée ;
- la possibilité de convertir des terres arables en prairies.

Le service iLPIS offre à tous les agriculteurs l'accès en ligne à des cartes montrant, au niveau des parcelles, le risque local d'érosion des sols pour les aider à appliquer à leurs terres les normes de conditionnalité concernant les sols ainsi que les exigences agro-environnementales. L'iLPIS offre aussi aux agriculteurs des outils pratiques pour utiliser les cartes (impression, mesure des distances et des superficies, exportation de données vers un GPS, consultation des mesures appliquées à des parcelles particulières) et pour faire des ajouts à la carte (par exemple, enregistrement du stockage des engrais, modifications de l'utilisation d'engrais envisagées dans les parcelles et renseignements sur la rotation des cultures (Keenleyside et al., 2012).

Le **Canada** offre un autre exemple, le *Service d'agrogéomatique (AGS)* établi par le ministère fédéral de l'Agriculture et de l'Agroalimentaire, qui constitue une plate-forme nationale d'informations géographiques en ligne pour l'agriculture et l'environnement, dont le but est d'aider les responsables publics et les gestionnaires de terres dans leurs décisions. L'AGS est un service gratuit, accessible à tous, qui fournit des cartes, des données et des outils interactifs pour contribuer à l'application d'une approche agro-environnementale durable dans la gestion des terres agricoles[16]. L'AGS a été conçu pour contribuer à la connaissance du paysage agricole et au suivi et à l'évaluation des changements de l'utilisation des terres, et pour établir un lien entre la gestion des exploitations agricoles et les activités d'élaboration, de conduite et de ciblage des politiques publiques (Nelson, 2011). L'AGS est un des quatre services d'information gouvernementaux faisant appel à des technologies modernes pour développer les capacités et informer les parties prenantes dans le secteur agricole canadien[17].

Notes

1. C'est une idée clé de la théorie de l'adoption-diffusion (Rogers, 2003), selon laquelle l'accès à l'information est le principal facteur de l'adoption d'une technologie nouvelle. D'après ce modèle, on suppose que, dès lors que les agriculteurs ont connaissance des options qui s'offrent à eux, ils choisissent celle qui répond le mieux aux besoins de leur exploitation et augmente la productivité (Hooks et al., 1983). Similairement, la faible adoption des pratiques durables a été attribuée à un « manque de diffusion d'informations claires et faibles » (Gamon et al., 1994).

2. Font exception à cela les situations où un autre avantage a pour condition que l'agriculteur accepte de participer à un dispositif particulier de conseil ou de formation (par exemple quand une formation obligatoire est requise pour un contrat de paiements incitatifs agro-environnementaux au bénéfice de l'agriculteur, ou pour la certification officielle d'un conseiller environnemental).

3. Les différences majeures concernent les dispositifs de financement (par ex., public, privé ou mixte), les organisations participantes (par ex., inclusion ou exclusion des fournisseurs d'intrants) et les méthodes de conseil (par ex., individuel, collectif, Internet ou face-à-face).

4. Les systèmes d'innovation agricole (SIA) ont pour base le concept de « système d'innovation national » (SIN), couramment utilisé pour guider la politique de la science et de la technologie dans les pays de l'OCDE. Le concept de SIN met en relief le rôle d'un large éventail de facteurs qui influent sur l'activité d'innovation et ses performances dans une économie donnée. Au côté des investissements dans la recherche, ces facteurs comprennent, par exemple, le développement des ressources humaines et le climat environnant le comportement entrepreneurial. Le concept de SIA rejette la vision linéaire de la science qui dépeint une création d'information inédite « transférée » ensuite aux agents économiques. Dans le point de vue des SIA, le rôle des services de conseil agricole consiste à aider les agents économiques et sociaux à développer leurs compétences individuelles et sociales afin de mieux discerner leurs contraintes ou les possibilités qui s'offrent, de concevoir des stratégies pour les aborder et d'agir conformément à ces stratégies (OCDE, 2013).

5. Les sites d'évaluation de l'eau sont aussi un bon exemple des efforts passés d'Agriculture et Agroalimentaire **Canada** pour relier la recherche agro-environnementale au transfert de technologie, en faisant participer les producteurs à la conception et à la mise en œuvre des initiatives de recherche. L'Évaluation des pratiques de gestion bénéfiques à l'échelle des bassins hydrographiques (EPBH) (programme gouvernemental d'une durée de neuf ans visant à déterminer les impacts d'un certain nombre de bonnes pratiques de gestion agricole sur le plan économique et sur la qualité de l'eau dans neuf bassins à travers le pays) a pris fin en mars 2013.

6. www.foundationforcommonland.org.uk/hill-farming-training-scheme-for-conservation-professionals.

7. Forschungsinstitut für biologischen Landbau, (FiBL) www.fibl.org/en/switzerland/communication-advice/beratung-bildung.html.

8. Bien que des organisations de producteurs mènent ce genre d'activités dans beaucoup de pays de l'OCDE, il y a peu d'études sur le rôle de ces organisations dans la fourniture des services de conseil.

9. *Cambiar el Cambio* a été financé par les fonds du volet « Information et communication » du programme LIFE+ de l'UE. www.unionsagrarias.org/lifecambiarocambio/resumen.asp.

10. www.greppa.nu/omgreppa/omwebbplatsen/inenglish.4.32b12c7f12940112a7c800022239.html.

11. blogs.usda.gov/2012/09/14/usda-drought-code-sprint-giving-americans-one-click-access-to-federal-drought-relief/ consulté le 10 octobre 2012.

12. farmsonline.mpi.govt.nz/About/FarmsOnLine.

13. www.inra.fr/Entreprises-Monde-agricole/Resultats-innovation-transfert/Toutes-les-actualites/Di-gnoPlant-R.

14. Dans la catégorie des grandes exploitations familiales (ayant un total de chiffre d'affaires et de subventions publiques supérieur ou égal à 250 000 USD), 84 % déclarent avoir accès à un ordinateur, 72 % utilisent un ordinateur pour leur activité agricole et 82 % ont accès à l'Internet. Dans la catégorie des exploitations moyennes (ayant un total de chiffre d'affaires et de subventions publiques compris entre 100 000 et 249 999 USD), 73 % ont accès à un ordinateur, 56 % utilisent un ordinateur pour leur activité agricole et 69 % ont accès à l'Internet. Dans la catégorie des petites exploitations familiales (total du chiffre d'affaires et des subventions publiques compris entre 10 000 et 99 999 USD), 68 % ont accès à un ordinateur, 45 % utilisent un ordinateur pour leur activité agricole et 65 % ont accès à l'Internet (USDA, 2013).

15. www.coolfarmtool.org/CoolFarmTool.

16. www4.agr.gc.ca/AAFC-AAC/display-afficher.do?id=1226330737632&lang=eng.

17. The others are: the National Agro-Climate Information Service (NAIS), the Canadian Soil Information Service (CanSIS) and the Earth Observations Service (EOS).

Bibliographie

Bell, B. et M. Yap (2015), "The Performance of the Sustainable Farming Fund in New Zealand", document interne de l'OCDE.

Bright, A., R. Layton et R. Bonney (2008), *A review of the sustainability of Northumberland lamb* production *in the UK, with particular reference to the environment*, Report commissioned by G. Dixon, www.northumberlandnationalpark.org.uk/__data/assets/pdf_file/0003/144264/sheepfarmingcarbonfootprint.pdf.

Climate Farmers (2012), *Climate Farmers: Good farming practices for climate change mitigation by young European farmers*, issuu.com/ekris1989/docs/climatefarmers_english/1.

Commission européenne (CE) (2010), Rapport de la Commission au Parlement européen et au Conseil concernant l'application du système de conseil agricole défini aux articles 12 et 13 du règlement (CE) n° 73/2009 du Conseil, COM(2010) 665 final, Commission européenne, Bruxelles.

Department of Agriculture, Fisheries and Forestry, Commonwealth of Australia (2008), *Making a difference: A celebration of Landcare,* www.daff.gov.au/natural-resources/landcare/publications/making_a_difference_a_celebration_of_landcare.

Department for Environment, Food and Rural Affairs (DEFRA), (2002), *Improving access to advice for land managers*, http://randd.defra.gov.uk/Default.aspx?Menu=Menu&Module=More&Location=None&Completed=0&ProjectID=10600#RelatedDocuments

Dwyer, J., B. Llbery et al. (2012), *Comment améliorer la compétitivité durable et l'innovation du secteur agricole de l'UE*, Document rédigé pour le Parlement européen, www.europarl.europa.eu/RegData/etudes/etudes/join/2012/474551/IPOL-AGRI_ET(2012)474551_FR.pdf.

Dwyer, J., J. Mills et al. (2007), *Understanding and influencing positive behaviour change in farmers and land managers* – a project for DEFRA, rapport final, 30 novembre 2007, www.inrb.pt/fotos/editor2/inrb/estudo_com_inov_agr_julho_2012.pdf.

Eurostat (2013), *Agri-environmental indicator – farmers' training and environmental farm advisory services*, epp.eurostat.ec.europa.eu/statistics_explained/index.php/Agri-environmental_indicator_-_farmers%E2%80%99_training_and_environmental_farm_advisory_services.

Faure, G., Y. Desjeux and P. Gasselin (2012), "New Challenges in Agricultural Advisory Services from a Research Perspective: A Literature Review, Synthesis and Research Agenda", *Journal of Agricultural Education and Extension*, Vol. 18, No. 5.

Faure, G., Y. Desjeux et P. Gasselin (2011), « Revue bibliographique sur les recherches menées dans le monde sur le conseil en agriculture », *Cahiers Agricultures*, vol. 20, n° 5, septembre-octobre.

Franks, J. et A. McGloin (2006), « The potential of environmental co-operatives to deliver landscape-scale environmental and rural policy objectives: Lessons for the UK », *Journal of Rural Studies*, vol. 23, n° 4.

Gamon, J., N. Harrold et J. Creswell (1994), « Educational delivery methods to encourage adoption of sustainable practices », *Journal of Agricultural Extension*, vol. 35, n° 1.

Garforth, C., B. Angell, J. Archer et K. Green (2003), « *Fragmentation or creative diversity? Options in the provision of land management advisory services », Land Use Policy*, vol. 20, n° 4.

Garforth, C. (2011), *Foresight Project on Global Food and Farming Futures Science review: SR16B Education, training and extension for food producers*, The Government Office for Science, Londres. www.bis.gov.uk/assets/foresight/docs/food-and-farming/science/11-562-sr16b-education-training-extension-for-food-producers.pdf.

Garforth, C. (1998), *Dissemination pathways for RNR research. Socio-economic Methodologies. Best Practice Guidelines.* Chatham, Royaume-Uni : Natural Resources Institute.

Greppa Näringen (2012), *Focus on nutrients*, www.greppa.nu/download/18.5fe620a913671cf1a6b8000953/Focus+on+nutrients+2012.pdf.

Hjerp, P., K. Medarova-Bergstrom et al. (2011), *Cohesion Policy and Sustainable Development.* Rapport pour la DG Regio, octobre 2011. IEEP, Londres

Hanson, J. et R. Just (2001), « The potential of transition to paid extension: some guiding principles », *American Journal of Agricultural Economics*, vol. 83, n° 1.

Höcket, J. et M. Ljung (2013), « Advisory Encounters towards a Sustainable Farm Development – Interaction between Systems and Shared Lifeworlds », *The Journal of Agricultural Education and Extension*, vol. 19, n° 3, dx.doi.org/10.1080/1389224X.2013.782178.

Hooks, G., T. Napier et M. Carter (1983), « Correlates of adoption behaviors: The case of farm technologies », *Rural Sociology*, vol. 48, n° 2.

Keenleyside, C., B. Allen, K. Hart, H. Menadue, V. Stefanova, J. Prazan, I. Herzon, T. Clement, A. Povellato, M. Maciejczak et N. Boatman (2011), *Delivering environmental benefits through entry level agri-environment schemes in the EU.* Report Prepared for DG Environment, Project ENV.B.1/ETU/2010/0035. Institute for European Environmental Policy (IEEP), Londres, www.ieep.eu/publications/2012/03/delivering-environmental-benefits-through-entry-level-agri-environment-schemes-in-the-eu.

Klerkx, L. et A. Proctor (2013), « Beyond fragmentation and disconnect: Networks for knowledge exchange in the English land management advisory system », *Land Use Policy*, vol. 30, n° 1.

Klerkx, L. et J. Jansen (2010), "Building knowledge systems for sustainable agriculture: supporting private advisors to adequately address sustainable farm management in regular service contacts", *International Journal Agricultural Sustainability*, Vol. 8, No. 3.

Klerkx, L. et C. Leeuwis (2009), « Shaping Collective Functions in Privatized Agricultural Knowledge and Information Systems: The Positioning and Embedding of a Network Broker in the Dutch Sector », *The Journal of Agricultural Education and Extension*, vol. 5, n° 1.

Knickel, K., G. Brunori, S. Rand et J. Proost (2009), « Towards a Better Conceptual Framework for Innovation Processes in Agriculture and Rural Development: From Linear Models to Systemic Approaches », *Journal of Agricultural Education and Extension*, vol. 15, n° 2.

Knuth, U. et A. Knierim (2013), « Characteristics of and Challenges for Advisors within a Privatized Extension System », *The Journal of Agricultural Education and Extension*, vol. 19, n° 37.

Labarthe, P. (2005), « Performance of services: a framework to assess farm extension services », document pour la présentation au 11e séminaire de l'EAAE (European Association of Agricultural Economists), *The Future of Rural Europe in the Global Agri-Food System*, Copenhague, Danemark, 24-27 août, ageconsearch.umn.edu/bitstream/24712/1/cp05la01.pdf.

Laurent, C., M. Cerf et P. Labarthe (2006), « Agricultural Extension Services and Market Regulation: Learning from a Comparison of Six EU Countries », *Journal of Agricultural Education and Extension*, vol. 12, n° 1.

Labarthe, P. et C. Laurent (2013), « Privatization of agricultural extension services in the EU: Towards a lack of adequate knowledge for small-scale farms? », *Food Policy*, vol. 38.

Labarthe, P., F. Gallouj et C. Laurent (2012), « Privatization of extension services: which consequences for the quality of the evidence produced for the farmers? », 10th International Farming System Association (IFSA) Symposium, *Producing and Reproducing Farming Systems: New Modes of Organisation for Sustainable Food Systems of Tomorrow*, 1-4 juillet, Aarhus, Danemark.

Labarthe, P. et C. Laurent (2009), Transformations of agricultural extension services in the EU: towards a lack of adequate knowledge for small-scale farms, document présenté au 111e séminaire EAAE-IAAE « Small farms: decline or persistence », Université du Kent, 26-27 juin, ageconsearch.umn.edu/bitstream/52859/2/103.pdf.

Lobley, M., E. Saratsi et M. Winter (2010), Training and advice for agri-environmental management. BOU Proceedings – Lowland Farmland Birds III. www.bou.org.uk/bouproc-net/lfb3/lobleyetal.pdf.

Ludwig, B. (2007), "Today is yesterday's future: globalizing in the 21st century", *Journal of International Agricultural and Extension Education*, Vol. 14, No. 3.

National Farm Research Unit (NFRU) (2010), « Farmers tuned in to online communication », www.nfru.co.uk/press/farmers-tuned-in-to-online-communication.html.

Natural England (2009), *Integrating water issues in farm advisory services: The English experience*, FAS and Water Workshop, 21 octobre.

Nelson, S. (2011), *Federal Agricultural Monitoring in Canada.* Presentation for *GEOSS in Americas Symposium*, Santiago, Chile, octobre 2011. www.geossamericas2011.cl/lectures/AGRIC/AgrculturalMonitoring.pdf.

Øgaard, A. (2011), Improved water quality by cooperation. Main findings from Aquarius – Farmers as water managers in the North Sea Region, www.landbrugsinfo.dk/Miljoe/Filer/pl_12_823_b2_engelsk_rapport.pdf.

OCDE (2013), *Les systèmes d'innovation agricole: Cadre pour l'analyse du rôle des pouvoirs publics*, Éditions OCDE, doi : dx.doi.org/10.1787/9789264200661-fr.

OCDE (2012), *Politiques agricoles : suivi et évaluation 2012 – Pays de l'OCDE*, Éditions OCDE, Paris, doi :dx.doi.org/10.1787/agr_pol-2012-fr.

Rural Economy and Land Use Programme (RELU) (2011a), *Field advisors as agents of knowledge exchange: investigating the field expertise of specialist advisors and their role as knowledge brokers between scientific research and land management.* Policy and Practice Note No. 30. Rural Economy and Land Use Programme. Newcastle-upon-Tyne.

RELU (2011b), *Improving the success of agri-environment initiatives: investigating whether agri-environmental schemes could be made more effective and whether training for farmers would help to achieve such improvements.* Policy and Practice Note No. 37. Rural Economy and Land Use Programme. Newcastle-upon-Tyne.

Remy, J., H. Brives et B. Lemery (2006), *Conseiller en agriculture*, Dijon, Educagri éditions, France.

Rogers, E. (2003), *Diffusion of Innovations*, New York: The Free Press.

SCAR-UE (2013), *Agricultural Knowledge and Innovation Systems Towards 2020 – An Orientation Paper on Linking Innovation and Research,* Bruxelles, ec.europa.eu/research/bioeconomy/pdf/agricultural-knowledge-innovation-systems-towards-2020_en.pdf.

Slee, B., D. Gibbon et J. Taylor (2006), *Habitus and style of farming in explaining the adoption of environmental sustainability-enhancing behaviour*, DEFRA/Université du Gloucestershire.

Stenberg, P. (2013), *Rural Broadband At A Glance, 2013 Edition*, USDA/ERS, Economic Brief, n° EB-23, www.ers.usda.gov/publications/eb-economic-brief/eb23.aspx.

Stenberg, P., S. Vogel, J. Cromartie, V. Breneman et D. Brown (2009), *Broadband Internet's Value for Rural America*, USDA/ERS, Economic Research Report No. ERR-78, www.ers.usda.gov/publications/err-economic-research-report/err78.aspx.

Stubbs, M. (2010), *Technical Assistance for Agriculture Conservation*, Congressional Research Service. www.crs.gov.

Teagasc (2013a), *Knowledge Transfer Conference 2013: Future of Farm Advisory Services, Delivering Innovative Systems*, Dublin, www.teagasc.ie/events/2013/20130612.asp.

Teagasc (2013b), *Impact of Participation in Teagasc Dairy Discussion Groups Evaluation Report,* Dublin.

Teagasc (2008), *Supporting science-based innovation in agriculture and food: Teagasc statement of strategy 2008-2010*, Dublin : Teagasc, Agriculture and Rural Development Authority.

Unión Agrarias (2010), *Layman Report. Changing the Change: the Galician agriculture and forestry sector facing climate change.* Results and conclusions report, www.unionsagrarias.org/lifecambiarocambio/docs/INFORME_LAYMAN_EN.pdf.

United States Department of Agriculture (USDA) (2013), *Farm Computer Usage and Ownership*, USDA, National Agricultural Statistics Service, août 2013.

University of Nebraska-Lincoln (UNL) (2011), *Agriculture and Water Management*, www.extension.unl.edu/c/document_library/get_file?uuid=daf0939b-074e-48de-af3f-ffcc785e1cb2&groupId=1873&.pdf.

Youl, R., S. Marriott et T. Nabben (2006), *Landcare in Australia Founded on Local Action*, SILC et Rob Youl Consulting Pty Ltd, www.agriculture.gov.au/ag-farm-food/natural-resources/landcare/publications/landcare-australia.

Chapitre 4

Un cadre pour évaluer les initiatives relatives à la croissance verte dans l'agriculture

Ce chapitre traite des questions conceptuelles et analytiques concernant l'évaluation des performances et l'impact de la formation, des services de conseil et des initiatives de vulgarisation dans l'agriculture. L'objectif essentiel est de déterminer comment dispenser au mieux ces services aux agriculteurs de manière à encourager et permettre à long terme un changement des pratiques agricoles bénéfique à l'environnement.

Les résultats et l'efficacité ou l'efficience globales des dispositifs de formation, de conseil et de vulgarisation n'ont fait l'objet que de peu d'évaluations. Garforth et al. (2002) notaient qu'il y avait très peu de dispositifs ou de programmes qui aient été soumis à des évaluations quantitatives approfondies et encore moins d'évaluations par des méthodes permettant une comparaison avec d'autres dispositifs ou programmes.

Cette observation reste, pour une large part, exacte. Faure et al. (2012) concluent que l'évaluation et les impacts des services de conseil demeurent un domaine d'étude fécond, tandis que l'OCDE (2012) souligne le manque persistant de données, d'objectifs et d'évaluation systématique des dispositifs nationaux, qui rend difficile la comparaison des performances entre les pays. Il existe quelques études concernant la mise en œuvre de certains services dans différents pays de l'OCDE – par exemple, AEA (2010), ADE (2009), Labarthe (2005a ; 2005b) ou Stubbs (2010) – mais il semble qu'une grande partie des travaux récents à l'échelle internationale portent sur les pays en développement (Waddington et al., 2010 ; Anderson et Feder, 2007 ; Birner et al., 2006).

Malgré l'ampleur de l'investissement public et privé dans beaucoup de pays de l'OCDE, on possède très peu d'éléments empiriques sur l'efficacité des initiatives de conseil, de formation et de vulgarisation en appui à l'application des mesures agro-environnementales. En un temps de pressions croissantes pour une réduction des dépenses publiques consacrées à l'agriculture, il importe de définir clairement les objectifs généraux et le rôle de ces mesures dans l'action gouvernementale globale.

Dans ce chapitre, on commence par présenter à un niveau très conceptualisé les voies par lesquelles les services de conseil, de formation et de vulgarisation sont susceptibles de favoriser une croissance verte. On considère des questions méthodologiques concernant : i) l'évaluation de la gestion des *performances* de ces dispositifs au regard de la fourniture d'avis pertinents, crédibles et actualisés ; et ii) l'évaluation de leurs *impacts* économiques et environnementaux tels que l'amélioration de la productivité, les compétences et l'adoption de pratiques agricoles respectueuses de l'environnement.

On présente dans ce chapitre un schéma décrivant un système complexe de voies causales (de différentes durées) entre, d'un côté, les services de conseil, formation et vulgarisation agricoles et, de l'autre, les divers aspects de la croissance verte. Il met en lumière la difficulté de réaliser une évaluation complète qui prenne en compte *toutes* les facettes des performances et des impacts. Une conséquence importante pour l'action gouvernementale est que les responsables publics ont à opérer un choix quant à la façon d'évaluer les impacts de ces services sur la croissance verte et à l'exhaustivité de cette évaluation. Ce choix doit reposer sur la connaissance de ce que l'on pourrait omettre ou surévaluer si on néglige certaines voies causales.

Vue d'ensemble des voies causales entre les services de conseil, formation et vulgarisation agricoles et les objectifs de la croissance verte

Des difficultés conceptuelles et méthodologiques majeures font obstacle à l'analyse des performances et des impacts des services de conseil, de la formation et des actions de vulgarisation agricoles dans la perspective d'un soutien efficient et durable à la croissance verte dans l'agriculture. Ces difficultés sont liées à divers facteurs, parmi lesquels :

- La difficulté de discerner et de mesurer la relation entre les intrants (comme le type d'assistance technique fourni ou le montant des dépenses publiques effectuées) et les extrants (comme les changements de productivité et les impacts environnementaux). Non seulement de nombreux facteurs influent sur les performances de l'agriculture de manière complexe et contradictoire mais, souvent, ces services sont combinés avec d'autres mécanismes efficaces comme les paiements versés pour compenser une part des coûts de l'adoption de nouvelles pratiques de gestion.

- La multiplicité des approches et la diversité et la complexité croissantes des options institutionnelles pour la fourniture et le financement de ces dispositifs.
- Le fait que leur succès dépend du cadre général dans lequel s'inscrit l'action publique.
- L'évaluation de services incorporels comme le conseil, l'éducation et la formation est très difficile du fait que leur produit n'est pas matériel (PRO AKIS, 2014 ; Gadrey, 2000).

En principe, l'efficacité de ces dispositifs peut s'évaluer à la lumière des objectifs fixés et des résultats désirés. Du point de vue de l'action gouvernementale, le critère final pour apprécier les services de conseil, la formation et les initiatives de vulgarisation dans la perspective du soutien à la croissance verte est de savoir dans quelle mesure ils ont réussi à accomplir les objectifs publics annoncés. Évidemment, l'impact dépend de l'influence que ces dispositifs peuvent avoir sur la prise de décision au niveau du ménage agricole et s'ils conduisent à un changement des pratiques existantes – par exemple, en améliorant la gestion de l'exploitation agricole, en favorisant l'adoption de nouvelles technologies ou en suscitant un comportement innovant.

Le graphique 4.1 schématise les diverses voies par lesquelles les services de conseil agricole peuvent influer sur différents aspects de la croissance verte. Ce schéma, reposant sur le cadre élaboré par l'International Food Policy Research Institute (IFPRI) (voir l'encadré 4.1), suggère d'aborder l'analyse de l'effet des services de conseil, de la formation et des initiatives de vulgarisation en considérant les chaînes d'impacts. Dans cette approche par les chaînes d'impacts, les *intrants* (en quantité et en qualité) de services de conseil, de formation et de vulgarisation génèrent des *résultats immédiats* (changements de comportement des ménages agricoles) et ensuite un *impact final* (la contribution aux buts globaux de la croissance verte).

Plus précisément, on peut distinguer les voies essentielles suivantes. Premièrement, pour comprendre la contribution des services de conseil, de la formation et des initiatives de vulgarisation à la croissance verte dans l'agriculture, il importe de considérer ces dispositifs dans le contexte des systèmes plus généraux au sein desquels les connaissances et les innovations se créent, se diffusent et s'utilisent dans le secteur agricole. La recherche, le conseil, la formation et la vulgarisation agricoles sont interconnectés et un large éventail d'institutions et de parties prenantes participent à la production ou à l'exécution de ces activités. L'évaluation doit prendre en compte la totalité des acteurs qui interviennent dans leur réalisation et apprécier leur rôle dans le cadre plus général du SCIA (Faure et al., 2012 ; Birner et al., 2009 ; Hoffmann et al., 2009 ; Scoones et Thompson, 2009).

Deuxièmement, dans cette perspective plus large du SCIA, les divers facteurs qui influent sur l'offre (en quantité et en qualité) de services de conseil, de formation et de vulgarisation – comme les structures institutionnelles, les fournisseurs de services de conseil et la méthode par laquelle les conseils sont dispensés – jouent un rôle critique (Birner et al., 2006 ; 2009).

Graphique 4.1. Cadre conceptuel pour l'analyse des performances et des impacts

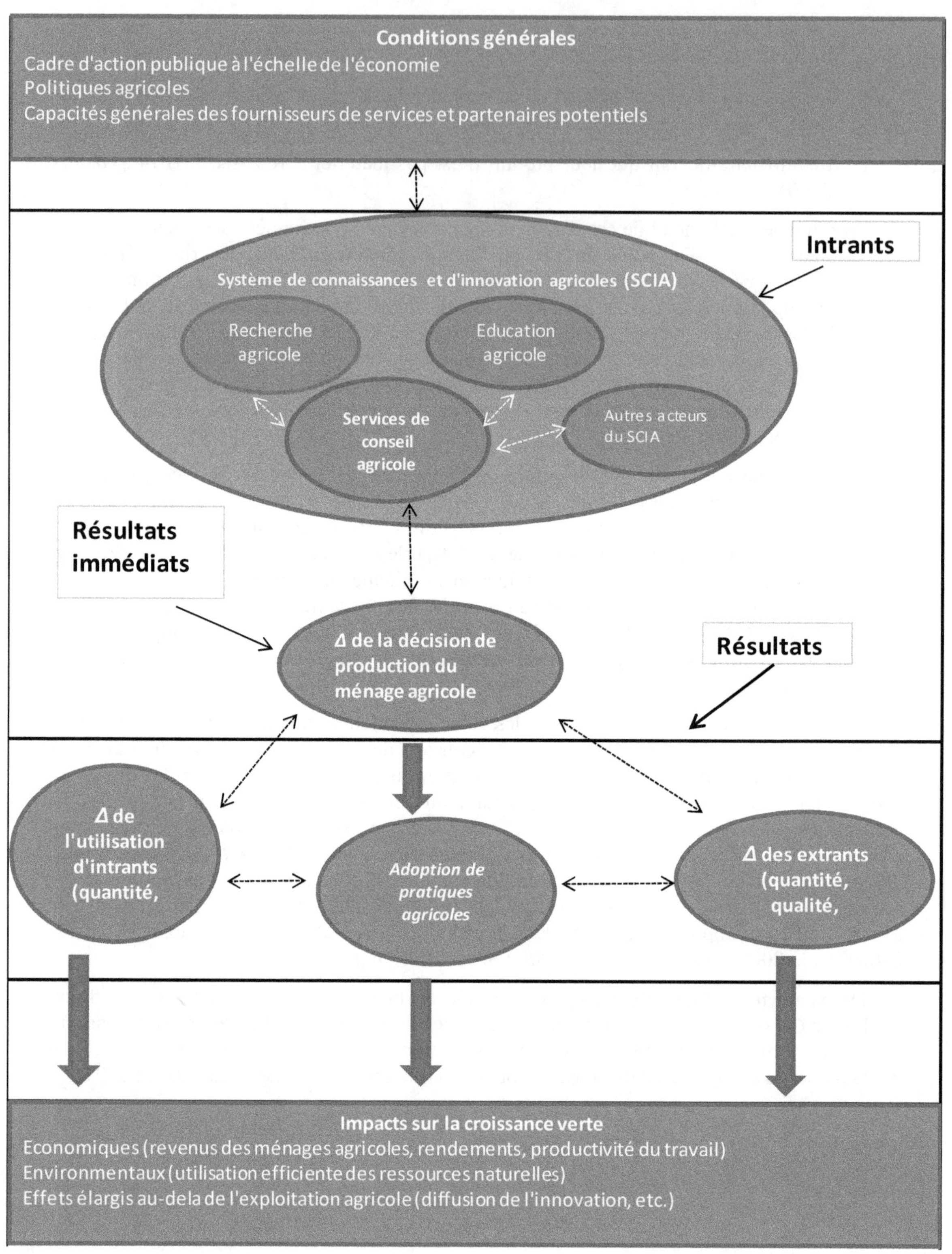

Encadré 4.1. Cadre de l'IFPRI pour la conception et l'analyse des services de conseil agricole

L'IFPRI a élaboré un cadre d'analyse pour évaluer les performances et l'impact des services de conseil agricole (Birner et al., 2006 ; 2009). Ce cadre peut aider les responsables publics à identifier les options de réforme présentant la « meilleure adéquation » pour le financement et la fourniture de ces services et il peut aussi guider les projets de recherche visant à produire des éléments empiriques sur ce qui est efficace, en quels lieux et pourquoi.

Ce cadre met l'accent sur les aspects suivants : i) « démêler » les éléments de la conception des services de conseil – à savoir, les structures de gouvernance, les capacités et la gestion, et les méthodes de conseil – et leurs avantages et désavantages comparés dans différentes conditions générales ; ii) mesure des performances et gestion de la qualité dans la fourniture des services de conseil agricole ; et iii) évaluation des impacts au regard de multiples buts et aussi évaluation des coûts et avantages associés à différentes façons de fournir et de financer les services de conseil agricole.

Quatre ensembles de conditions générales doivent être pris en considération quand on décide de ces caractéristiques : i) le cadre dans lequel s'inscrit l'action publique ; ii) la capacité des fournisseurs de services potentiels ; iii) le type de système agricole et l'accès des ménages agricoles aux marchés ; et iv) la nature des communautés locales, notamment leur capacité de coopérer.

Ce cadre montre que les réformes des services de conseil agricole peuvent associer différents éléments – comme la décentralisation, la sous-traitance, l'utilisation de nouvelles méthodes de conseil ou le changement de style de gestion – selon différentes combinaisons de la manière la plus adaptée aux circonstances locales. En différenciant les divers facteurs qui influent sur les services de conseil agricole, on pourrait mettre en lumière ceux qui contribuent à l'impact final. Dans leur analyse des systèmes de services de conseil agricole, Birner et al. (2006 ; 2009) avancent l'idée qu'il n'est plus possible de penser en termes de solutions idéales partout applicables : il vaut mieux s'attacher à adapter ces services à des situations précises qui peuvent être variées.

Source : Birner, et al. (2009), From best practice to best fit: a framework for designing and analyzing agricultural advisory services worldwide", *Journal of Agricultural Education and Extension*, Vol. 15, No. 4.

Comme on l'a vu dans le chapitre 2, un large éventail d'institutions interviennent maintenant dans la fourniture et le financement de ces dispositifs, notamment des organismes du secteur public ainsi que des organisations non gouvernementales et le secteur privé. Les différents fournisseurs remplissent des rôles différents, s'attaquent à des questions différentes et ainsi fournissent des types de conseil différents et d'une manière différente. La coordination entre les différents fournisseurs et utilisateurs des services de conseil dans le système d'innovation est cruciale pour assurer une offre de conseil, de formation ou de vulgarisation qui soit accessible à ceux qui en ont besoin, fiable, pertinente et actualisée (voir Tchuisseu et Labarthe, 2015; Faure et al., 2012 ; Labarthe et Laurent, 2013)[1].

L'utilisation de dispositifs de conseil, de formation ou de vulgarisation comme instrument de la politique agro-environnementale implique un élargissement de champ et une complexification considérables par comparaison avec le modèle classique de la vulgarisation agricole, principalement « descendante ». Ce nouveau modèle se caractérise par de multiples influences et par des flux d'information bidirectionnels (encadré 4.2)[2].

Troisièmement, comme l'indiquent les flèches dans le graphique 4.1, l'impact que ces mesures peuvent avoir au regard des objectifs finals de la croissance verte dépend de la façon dont les clients (c'est-à-dire les agriculteurs et gestionnaires de terres) utilisent les services fournis. Cela signifie que, finalement, l'impact dépend du degré d'influence qu'ont ces dispositifs sur la prise de décision au niveau du ménage agricole et entraînent un changement des pratiques agricoles existantes – par exemple, en améliorant la gestion de l'exploitation, en favorisant l'adoption de nouvelles technologies ou en suscitant un comportement innovant par comparaison avec une situation où les pouvoirs publics n'agissent pas. Étant donné que les dispositifs de conseil, de formation et de vulgarisation sont habituellement à participation volontaire, une problématique centrale devrait concerner le taux d'adoption du dispositif, mais aussi la question de savoir si les producteurs qui l'adoptent sont ceux susceptibles d'en tirer le plus grand bénéfice, et les raisons qui expliquent le choix des adoptants et des non-adoptants.

Encadré 4.2. Approches théoriques à l'égard de la diffusion du conseil

Ces 20 dernières années un important débat théorique et des changements d'idées majeurs ont eu lieu concernant la fourniture de conseil aux agriculteurs. La théorie et la méthodologie de la vulgarisation agricole reposent classiquement sur le modèle du transfert de connaissances, où la vulgarisation vise à promouvoir, par la diffusion d'information et de solutions techniques, l'adoption de pratiques prédéterminées. Cependant, l'évolution du contexte a contribué à un changement de paradigme, avec la formulation d'autres modèles axés sur le développement humain où la vulgarisation vise à faciliter l'interaction et l'innovation par les utilisateurs.

L'approche par le transfert des connaissances

L'approche de la vulgarisation par le transfert de connaissances (ou de technologies) considère les connaissances comme une entité discrète et tangible qui peut se transférer entre des acteurs. Elle suppose que les innovations (et les connaissances) ont leur origine dans la science et sont transférées aux gestionnaires de terres qui les adoptent. Ce transfert suit une voie linéaire et séquentielle « unidirectionnelle », comme l'ont décrit un certain nombre de commentateurs (Röling, 1990 ; Ruttan, 1996 ; Black, 2000). Dans cette optique, les premières approches empiriques ont essayé de découvrir des configurations ou des facteurs prédictifs dans la façon dont les décisions sont prises sur la base des caractéristiques socioéconomiques des agriculteurs et de l'information fournie. Les agriculteurs ont été catégorisés comme « retardataires » ou comme « innovateurs » suivant leur propension à adopter les innovations. Le transfert de connaissances était le paradigme dominant et reflétait les préoccupations de l'ère « productiviste » des années 70 et 80, en décrivant une transposition de la science en vue d'encourager et de promouvoir une production efficiente.

Trois principales critiques ont été adressées à l'approche par le transfert de connaissances (Buttel, 2001) : i) elle n'est plus appropriée pour s'attaquer aux problèmes auxquels doit faire face l'agriculture moderne, comme la durabilité, le changement climatique et la fourniture de biens publics ; ii) elle ne reflète pas les éléments empiriques concernant la façon dont les agriculteurs utilisent l'information ; et iii) elle ne tient pas compte d'autres influences sur le recours à l'information et au conseil, notamment des impératifs économiques qui commandent les décisions.

L'approche par le développement humain et l'échange de connaissances

L'approche par le développement humain considère que les connaissances se construisent socialement à travers l'interaction et l'expérience. La communication à l'intérieur d'un système social ou d'un groupe apparaît comme un processus important pour articuler, partager et échanger des idées entre les gestionnaires de terres. Les théories issues d'un certain nombre de domaines – réseautage de connaissance, réseautage social, mouvements sociaux, apprentissage social, apprentissage expérientiel, capital social, recherche systémique – sont à la base d'une grande partie des recherches menées pour comprendre le comportement collectif. Le rôle de la vulgarisation dans la facilitation des processus collectifs est jugé essentiel.

Bien que considérés comme une amélioration du modèle du transfert des connaissances, les modèles et méthodologies du développement humain ont fait l'objet de diverses critiques : i) absence de base théorique cohérente ; ii) omission des questions de légitimité, de responsabilisation et de représentation ; iii) problèmes liés aux mauvaises pratiques de participation ; iv) difficulté d'utiliser des connaissances discordantes de multiple sources ; et v) prise en compte insuffisante des facteurs économiques du comportement (CCRI/MLURI, 2006).

Ces mesures, contrairement à d'autres comme les subventions d'équipement ou les dispositifs agro-environnementaux, fonctionnent essentiellement en cherchant à changer les attitudes et la compréhension de manière à engendrer des changements de pratique, et non en sens inverse. Le financement d'activités de conseil, de formation ou d'information peut ne pas générer immédiatement des changements sur le terrain au niveau des exploitations, en termes de pratiques ou de systèmes. La façon dont le cadre d'action des pouvoirs publics favorise ou défavorise un lien effectif entre l'attitude ou compréhension et le changement de pratique devient ainsi une considération importante, quand on veut évaluer l'efficacité de ces mesures : un cadre d'action peu propice, ou qui tend à entamer la capacité des agriculteurs à donner suite, est de nature à réduire l'impact exercé sur le terrain par les initiatives de conseil, vulgarisation ou formation, alors qu'un contexte de soutien général qui renforce la confiance des agriculteurs vis-à-vis de l'action, ou qui offre de fréquentes occasions de réfléchir et de discuter, peuvent aider à transformer les intentions en comportements.

Une fois qu'il a sollicité et/ou reçu le conseil, l'agriculteur décide de changer ou non sa pratique. Le consentement de l'agriculteur au changement est un facteur important qui influe sur les décisions et sur la modification à long terme du comportement. Comme le montre l'encadré 4.3, l'adhésion aux services de conseil et l'adoption de pratiques agricoles susceptibles de favoriser la croissance verte sont soumises à l'influence de plusieurs facteurs, comme les caractéristiques des ménages agricoles ainsi que les caractéristiques du service de conseil et des pratiques de l'exploitation, et on ne peut pas être sûr que les ménages agricoles réagiront conformément aux objectifs publics fixés (ou resteront indifférents).

Encadré 4.3. Facteurs influant sur le changement de comportement environnemental

Il ressort des travaux publiés que des facteurs sociologiques, culturels, économiques, éducatifs et organisationnels peuvent influer sur la sensibilisation aux questions environnementales et sur la réponse à leur égard. Les théories du changement comportemental et les modèles de l'éducation identifient les facteurs susceptibles d'exercer la plus forte influence en faveur des changements comportementaux relatifs à la gestion durable des terres. Le succès des mesures ne relevant pas de la réglementation ou à adhésion volontaire dépend de facteurs sociaux, psychologiques ou économiques variés, tels que :

- les avantages économiques ;
- le souci de se conformer à la législation environnementale ;
- de bonnes connaissances scientifiques concrètes sur la problématique des pratiques agricoles et leurs effets ;
- l'expérience et les connaissances locales pratiques ;
- la sensibilisation des gestionnaires de terres aux questions environnementales entourant les pratiques agricoles ;
- la visibilité des dommages à l'environnement ;
- la complexité de l'innovation envisagée ;
- le degré de participation des agriculteurs à la définition des problèmes, à la recherche des solutions et au suivi des avancées – des mécanismes efficaces stimulent l'interactivité entre les scientifiques, les conseillers techniques et les gestionnaires de terres ;
- la qualité de l'information fournie aux agriculteurs – elle doit être axée sur les besoins des agriculteurs et être facile à lire ;
- la capacité de démontrer les résultats et la facilité de mesurer le succès ;
- l'ampleur et la qualité du soutien permanent apporté pour affermir la décision de changement et renforcer la confiance et les capacités ;
- l'attitude personnelle du gestionnaire de terres – ceux qui ont le sens de la responsabilité communautaire et le souci d'une bonne gestion de l'environnement sont plus ouverts à l'adoption de pratiques écologiquement viables qui peuvent demander plus de temps et comporter plus de risque ;
- la sécurité financière et le degré d'aversion au risque du gestionnaire de terres ;
- le manque de temps du gestionnaire de terres ;
- le degré de soutien aux comportements respectueux de l'environnement dans les réseaux sociaux et professionnels de l'agriculteur ;
- la puissance des réseaux entre les agriculteurs, qui peuvent faciliter la sensibilisation et le savoir et apporter un soutien et un encouragement mutuel ;
- la mesure dans laquelle le gouvernement central et les autorités locales donnent l'exemple.

Source : Pannell et al., 2006 ; DEFRA, 2010 et 2007.

En outre, les efforts des agriculteurs pour améliorer leurs connaissances ont un coût en temps et en argent, qui n'est pas nécessairement compensé par les avantages qu'ils en retirent (Charatsary et al., 2011). Pannell et al. (2006) concluent que l'adoption de nouvelles pratiques agricoles a lieu quand cela contribue à la réalisation d'objectifs, tels qu'économiques, environnementaux ou sociaux, des agriculteurs[3].

La probabilité de susciter un changement de comportement environnemental positif dépend en grande partie du degré auquel les utilisateurs sont convaincus que : i) le problème environnemental auquel il faut remédier est sérieux ; ii) ce problème les touche ; iii) les mesures envisagées résoudront le problème ; et iv) ils sont capables d'appliquer les recommandations (Rogers, 2003)[4]. Cela nécessitera une collaboration accrue entre les agriculteurs et les chercheurs et que les agriculteurs admettent que non seulement il existe un problème mais aussi qu'ils ont une responsabilité à cet égard.

La capacité des agriculteurs de formuler leur demande est aussi d'importance cruciale pour les performances des services de conseil, formation ou vulgarisation agricoles. Cette capacité dépend des caractéristiques des ménages agricoles et de l'environnement socioéconomique dans lequel ils vivent ainsi que des caractéristiques des dispositifs eux-mêmes. Par exemple, une structure de gouvernance décentralisée, un personnel de conseil en nombre suffisant par rapport aux agriculteurs et l'utilisation de méthodes de conseil participatives sont autant de facteurs qui améliorent les possibilités de donner la parole aux ménages agricoles et de responsabiliser les fournisseurs de services.

Quatrièmement, du point de vue du SCIA, les performances et les impacts des services de conseil agricole dépendent aussi de facteurs *contextuels* (*cadre*). Cela peut comprendre des facteurs comme l'environnement global de la politique de l'innovation, l'orientation globale des politiques nationales à l'égard des dispositifs de conseil, formation et vulgarisation, l'ampleur et le type des mesures de soutien agricole et agro-environnementales existantes, la structure socioéconomique du secteur (niveaux éducatifs, âge), la structure de la production (cultures, élevage), la structure des exploitations agricoles et le potentiel agro-écologique.

Évaluer les performances des services de conseil, de formation et de vulgarisation

On peut aborder l'évaluation des performances concernant la mise en œuvre des services de conseil, de formation et de vulgarisation en définissant les critères relatifs à l'efficacité (atteinte des objectifs fixés), à l'efficience (résultats obtenus comparés aux ressources investies), à la qualité des services fournis et à l'équité de l'accès aux services.

Birner et al. (2009) montrent que trois composantes majeures du système de conseil interagissent et expliquent ses performances : i) la structure de gouvernance, notamment les mécanismes de financement et les relations entre les partenaires ; ii) la méthode par laquelle le conseil est dispensé ; et iii) les capacités des fournisseurs de services de conseil (les organisations conseillères), notamment leur approche de la gestion et les caractéristiques individuelles des conseillers.

Les indicateurs de performances au niveau de la mise en œuvre qui rendent compte de l'offre et de la qualité des services de conseil, formation et vulgarisation peuvent être très variés : i) l'exactitude et la pertinence du contenu du conseil ; ii) la promptitude et le rayonnement de ces services, notamment la capacité d'entrer en contact avec les catégories désavantagées (par exemple, nombre et proportion des agriculteurs qui ont recouru aux services de conseil agro-environnemental ; nombre d'agriculteurs ayant reçu une visite ; nombre d'agriculteurs par conseiller ; nombre de journées de formation dispensées) ; iii) la qualité des partenariats établis et les effets de rétroaction créés (par exemple, durée et fréquence des services de conseil fournis à l'exploitation agricole) ; et iv) l'efficience de la fourniture des services. L'importance relative de ces indicateurs dépend des objectifs généraux du dispositif et il peut y avoir entre eux des arbitrages.

Du point de vue de l'analyse, il est moins difficile de mesurer et d'expliquer les performances des fournisseurs de services de conseil, formation ou vulgarisation au niveau de la mise en œuvre que d'évaluer les impacts parce qu'on peut attribuer plus directement ces performances aux caractéristiques des dispensateurs. Par exemple, les variations des dépenses ont une relation directe avec le changement du nombre d'agriculteurs contactés, mais non directement avec le revenu des ménages agricoles ou avec les résultats environnementaux.

Cependant, dans l'optique de l'action gouvernementale, c'est l'impact (le résultat) de ces mesures du point de vue de leur contribution aux buts de la croissance verte qui importe en fin de compte (voir la section suivante). Toutefois, l'analyse des performances au niveau de la mise en œuvre est utile non seulement parce qu'elle offre un outil important pour améliorer ces dispositifs, mais aussi parce qu'elle fournit de précieux aperçus pour l'accomplissement des résultats finals. Par exemple, des objectifs spécifiés comme l'adhésion aux dispositifs (par exemple, superficie des terres adoptant une certaine pratique de gestion) pourraient être directement reliés aux résultats environnementaux.

Dans les travaux publiés, un certain nombre de méthodes et d'approches – comme les techniques économétriques et l'emploi de plans d'expérience – sont utilisées pour surmonter les difficultés méthodologiques que pose la mesure des performances de ces dispositifs, avec différents points forts et points faibles. Les résultats de ces évaluations sont variables et dépendent du contexte, des méthodes choisies et de la question à laquelle les chercheurs s'attachent à répondre (Faure et al., 2012).

Les coûts des services de conseil sont assez faciles à évaluer quand ces services sont financés par les pouvoirs publics et qu'on ne prend pas en compte les coûts de transaction. Il importe de noter que les préoccupations relatives à la qualité des données, ainsi que les difficiles problèmes méthodologiques concernant la causalité et la quantification de tous les avantages, doivent modérer les observations qui, le plus souvent, concluent à un bon rendement économique de la vulgarisation.

La comparaison de systèmes de conseil différents pose de redoutables questions méthodologiques, notamment quand on utilise des outils statistiques. Les rares études existantes empruntent des approches plus qualitatives, comme celle de Labarthe (2005), qui s'appuie sur l'économie institutionnelle pour comparer le cas des **Pays-Bas**, de l'**Allemagne** et de la **France**. Aux **États-Unis**, Lohr et Park (2003) utilisent un modèle économétrique pour expliquer les différences observées entre différentes sources de conseil sur la base d'enquêtes auprès d'agriculteurs biologiques. Rares sont les études qui s'appuient sur l'économie des coûts de transaction pour évaluer les performances d'un système de services de conseil, bien que de telles évaluations seraient nécessaires pour aider à formuler des recommandations à l'usage des pouvoirs publics (Faure et al., 2012 ; Bartoli et Rocca, 2012 ; Charatsary et al., 2011 ; Birner et al., 2006).

On ne possède pas de données complètes pour l'ensemble des pays de l'OCDE sur le nombre de conseillers par agriculteur et sur l'adhésion aux dispositifs de conseil, formation ou vulgarisation destinés à promouvoir la gestion environnementale. Dans l'**Union européenne**, l'évaluation des SCA a montré que, dans les pays pour lesquels on possède des données, le taux de participation moyen pour le conseil individuel à la ferme (en pourcentage des agriculteurs recevant des paiements directs) était de 4.8 % en 2008 (ADE, 2009). En **Grèce**, on dénombre un conseiller pour 862 exploitations agricoles recevant des paiements directs (909 230 exploitations) ; pour celles qui reçoivent plus de 10 000 EUR par an (130 950 exploitations) ce ratio est de 1 à 124 (voir Damianos, 2015).

Graphique 4.2. Formation des agriculteurs et recours aux services de conseils consacrés à l'environnement, pays de l'OCDE membres de l'UE, 2010

Participants à la formation professionnelle environnementale[1]

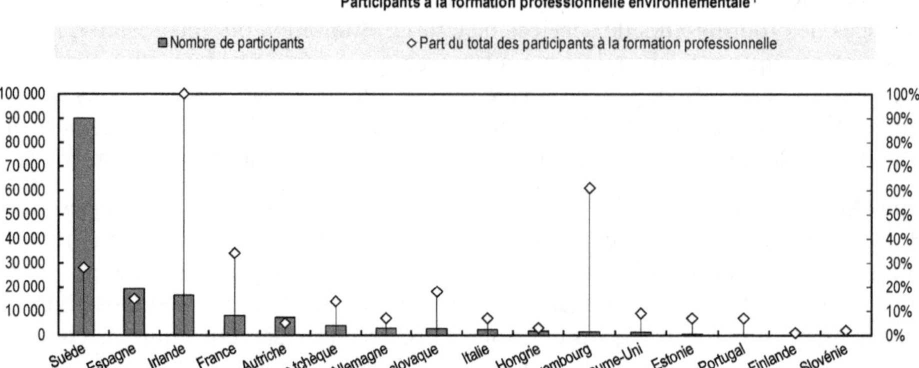

Candidats aux services de conseil environnemental[2]

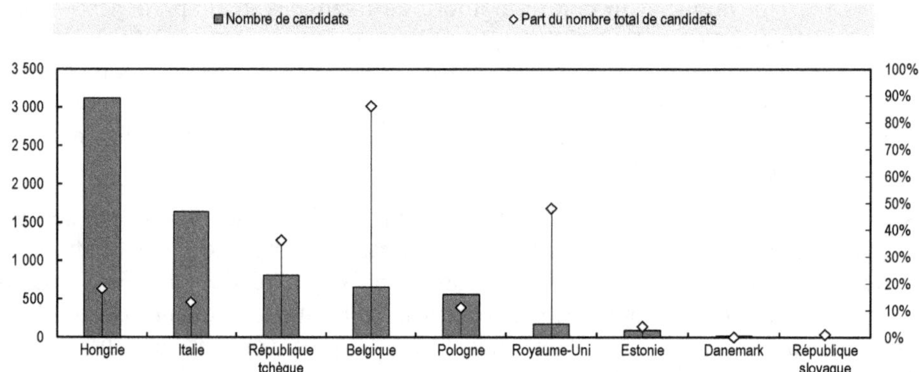

Acteurs économiques bénéficiant de formation et d'information environnementales[3]

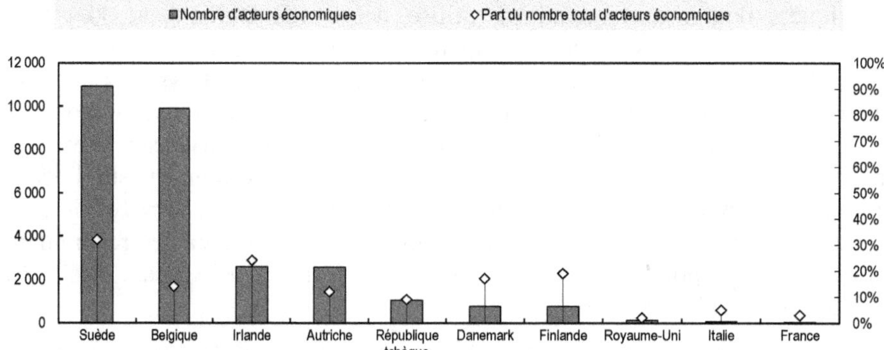

Note : Les données de base se fondent sur des données de développement rural, qui peuvent être enregistrées différemment par les différents États membres de l'UE. Il se peut également qu'il y ait un double comptage du nombre total de participants, comme c'est le cas par exemple en Suède. Des différences dans la conception des activités individuelles de formation (leur durée, par exemple) contribuent aussi aux variations du nombre de participants. 1. Mesure de développement rural 111 ; 2. Mesure de développement rural 114 ; 3. Mesure de développement rural 331.

Source : Eurostat (2013), Agri-environmental indicators – Farmers' training level and use of environmental farm advisory services, epp.eurostat.ec.europa.eu/statistics_explained/index.php/Agri-environmental_indicator_-_farmers%E2%80%99_training_and_environmental_farm_advisory_services.

Dans l'**UE27**, le nombre total de participants aux actions de formation professionnelle et d'information spécifiquement consacrées à l'entretien du paysage et à la protection de l'environnement s'élevait en 2010 à près de 164 000, soit 16 % du total des participants aux actions de formation professionnelle et d'information financées dans le cadre de la mesure 111 pour le développement rural (graphique 4.2). La dépense publique totale consacrée à cette mesure s'élevait à 4.2 million EUR (ou, en moyenne, 330 EUR par participant), l'**Italie** en représentant environ un tiers (32 %), suivie par la **Belgique** (23 %) et la **Hongrie** (22 %) (Eurostat, 2013).

Au niveau de l'**UE27**, 8.5 % des services de conseil financés par la politique de développement rural (mesure 114 pour le développement rural) en 2010 étaient spécifiquement consacrés à l'environnement. En **Belgique**, au **Royaume-Uni**, en **République tchèque**, en **Hongrie**, en **Italie** et en **Pologne**, ce pourcentage était même plus élevé, en particulier en **Belgique** et au **Royaume-Uni** (respectivement 86 % et 48 %) (graphique 4.2). La dépense publique totale consacrée à cette mesure s'élevait à 53 million EUR (ou, en moyenne, 590 EUR par candidat), la **Suède** comptant pour plus de la moitié (64 % ou 34 million EUR) (Eurostat, 2013).

Le nombre des acteurs économiques ruraux bénéficiant d'un financement pour suivre des actions de formation ou d'information dans le domaine de l'entretien et de l'amélioration du paysage et dans celui de la protection de l'environnement (mesure 331 pour le développement rural) s'élevait à presque 29 000 dans l'UE27 en 2010. Au niveau de l'UE27, les actions de formation et d'information dans le domaine du paysage et dans le domaine de l'environnement représentent, du point de vue du nombre des acteurs économiques, 17 % du total des actions de formation et d'information financées. Cette part est encore plus élevée en **Suède**, en **Irlande**, en **Allemagne** et en **Finlande** avec des valeurs comprises entre 19 % et 32 % (**graphique 4.2**). La dépense publique totale consacrée à cette mesure s'élevait à 10.3 million EUR en 2010 (soit, en moyenne, 358 EUR par acteur économique bénéficiant d'un financement), l'**Autriche** en recevant un peu plus de la moitié (52 %), suivie par la **Suède** (27 %) (Eurostat, 2013).

Évaluer les résultats (impacts) des dispositifs de conseil, formation et vulgarisation

Du point de vue de la croissance verte, l'évaluation des résultats (impacts) de ces dispositifs implique essentiellement de déterminer dans quelle mesure : i) ils ont amélioré la productivité du travail, le revenu des ménages agricoles et la compétitivité globale du secteur agricole ; ii) ils ont contribué à améliorer l'efficience de l'utilisation des ressources naturelles, en particulier pour la terre et l'eau ; et iii) ils ont produit des effets économiques et environnementaux plus généraux au-delà de l'exploitation agricole (par exemple, diffusion de l'innovation).

Les travaux visant à évaluer l'impact des services de conseil agricole se heurtent à un certain nombre de problèmes méthodologiques qui ont été largement débattus dans les publications de recherche (voir Birner et al., 2006, pour une vue d'ensemble). Ces difficultés sont liées, par exemple, à la multiplicité des buts, à des problèmes d'attribution, à des questions de mesure, au retard des impacts, aux effets d'entraînement, aux problèmes de données et au biais des échantillons. Beaucoup de ces problèmes se posent aussi pour l'évaluation dans d'autres domaines d'action[5].

Il est en général très difficile d'*attribuer* le changement ou le résultat produit par ces dispositifs (qui n'aurait pas eu lieu en leur absence). Premièrement, les décisions et les performances des agriculteurs sont soumises à l'influence de nombreux autres effets systématiques ou aléatoires et ainsi des méthodes assez élaborées (par exemple, économétriques ou expérimentales) sont nécessaires pour estimer de manière fiable l'impact des dispositifs de conseil, formation ou vulgarisation sur les agriculteurs (Birner et al., 2006).

Une conclusion clé tirée de la littérature comportementale est que les processus de prise de décision sont très aléatoires, ce qui rend plus grand le défi d'évaluer de quelle manière les services de conseil, de formation et de vulgarisation se répercutent sur les décisions d'exploitation (Kahneman, 2011). En particulier, la probabilité de rencontrer des difficultés est plus grande dans les situations où les aspects non pécuniaires de l'agriculture sont prépondérants (telles que les questions agro-environnementales liées à la bonne gestion des terres, la participation de la collectivité, la succession familiale de la propriété de l'exploitation), et empêchent de ce fait des quantifications précises.

Deuxièmement, les dispositifs de conseil, de formation et de vulgarisation pour la gestion agro-environnementale ont souvent de multiples buts et apportent de multiples avantages et ils sont habituellement liés à un ensemble existant de réglementations ou d'incitations. Aux **États-Unis**, par exemple, bien que l'on possède des données sur les dépenses de la Conservation Technical Assistance (CTA), il serait difficile de mesurer les effets bénéfiques de ce programme pour la croissance verte parce que celui-ci apporte de multiples avantages qui se combinent souvent avec les effets d'autres dispositifs comme les paiements versés pour compenser une part des coûts de l'adoption de nouvelles pratiques de gestion[6]. De même, dans l'**UE**, des services de conseil dans le cadre du SCA sont fournis aux agriculteurs admissibles à recevoir des paiements directs.

Outre la difficulté d'attribuer l'impact, il est très compliqué de *mesurer* le résultat environnemental lui-même (amélioration de la qualité de l'eau, réduction des émissions de gaz à effet de serre) et plus encore de lui assigner une valeur monétaire. Les impacts de ces dispositifs se répercutent sur les non-participants. Par exemple, des informations fournies par les services de conseil peuvent parvenir jusqu'aux non-participants, entraînant dans leurs exploitations des changements de rendement ou des modifications de l'utilisation des ressources naturelles, tout comme chez les participants. La méconnaissance de ces effets pourrait fausser les résultats (l'impact total du dispositif étant surestimé ou sous-estimé). Leur prise en compte nécessite toutefois des techniques de modélisation assez élaborées.

En outre, les impacts de ces dispositifs ne se manifestent pas toujours instantanément. On ne peut convenablement apprécier leur plein impact que quand ils sont en place depuis suffisamment longtemps pour que les décisions du ménage agricole aient pris effet et que les conséquences aient fini par se refléter dans l'indicateur de performance correspondant (par exemple, une augmentation de l'efficience d'utilisation et de la productivité des ressources naturelles). On peut très bien, par exemple, observer une évolution vers des pratiques de gestion durables mais sans aucun résultat immédiat pour l'environnement[7].

Les données posent elles aussi des problèmes, notamment : la difficulté de mettre en œuvre et de mesurer des indicateurs appropriés pour les intrants, les extrants et les résultats ; les problèmes de comparabilité des données (en particulier quand on utilise des instruments d'enquête différents à différents moments ou pour différents sous-échantillons) ; et la difficulté de combiner des données de sources et de types différents. Enfin, le *biais de sélection* (quand le niveau choisi pour les dispositifs de conseil, formation et vulgarisation est lié à des facteurs qui eux-mêmes influent sur le comportement de la variable cible), le *biais d'échantillonnage* (c'est-à-dire un échantillonnage non aléatoire), le *biais d'attrition* (c'est-à-dire le taux d'abandon) ou le *biais de confirmation* (c'est-à-dire la recherche d'éléments de confirmation pour ne pas avoir à infirmer une hypothèse) et même l'absence de groupes témoins expérimentaux (c'est-à-dire des agriculteurs qui ne reçoivent pas de conseil) sont des défauts qui peuvent aussi fortement fausser les résultats des évaluations.

En raison de ces difficultés, certains auteurs vont jusqu'à affirmer qu'il est vain ou trop coûteux d'essayer d'attribuer des impacts à des actions particulières de recherche et de diffusion agricoles et de les mesurer (les impacts dépendant, par exemple, de nombreux facteurs externes impossibles à prendre en compte) et que les objectifs des bénéficiaires ne sont pas les mêmes que ceux supposés par les concepteurs des services de conseil, de formation et de vulgarisation (Ekboir, 2003 ; EIARD, 2003).

Une lacune courante dans la plupart des recherches sur le conseil, l'information et la formation à l'intention des agriculteurs tient au fait qu'elles emploient rarement des méthodes quantitatives pour mesurer les impacts, notamment à cause de la complexité que cela comporte avec des problèmes à la fois temporels et conceptuels (Faure et al., 2012). L'examen des travaux publiés au **Royaume-Uni** met en lumière des défauts importants, certains dus au fait que la plupart des évaluations ont porté sur des initiatives ou projets particuliers à durée de vie relativement courte et/ou avec un très petit échantillonnage. Même quand ces dispositifs ont été évalués, seulement une partie de leur impact aura été appréhendée (celle qui concerne, par exemple, les buts et cibles du projet) (Dwyer et Reed, 2015).

Une conclusion commune à beaucoup de travaux récents sur l'évaluation est qu'il n'y a pas de méthode unique optimale à employer en toute circonstance. Il existe beaucoup de méthodes différentes – avec différents points forts et points faibles – reposant sur des hypothèses variées (encadré 4.4). Une combinaison de méthodes qualitatives et quantitatives, empruntant des approches différentes, pourrait être nécessaire pour produire des résultats robustes et utiles pour l'action gouvernementale.

Comme dans le cas des indicateurs de performances, les indicateurs employés pour mesurer l'impact dépendent des objectifs auxquels ces dispositifs sont censés contribuer, comme la croissance économique et la durabilité environnementale, l'autonomisation ou la promotion des innovations. Un certain nombre d'études portent sur l'évaluation des impacts des services de conseil, bien que la plupart des mesures d'impact se limitent à un nombre de critères restreint, souvent de nature quantitative, comme les changements des pratiques agricoles (par exemple, pour la lutte intégrée contre les ravageurs des cultures), les variations des rendements des cultures ou celles des revenus agricoles (Akobundu et al., 2004, aux **États-Unis** ; Marsh et al., 2004, en **Australie**).

Encadré 4.4. Approches méthodologiques pour évaluer les services de conseil dans l'optique du SCIA

Des méthodologies et des approches analytiques variées ont été employées dans les travaux de recherche pour analyser les performances et les impacts des services de conseil, notamment des techniques économétriques, l'analyse des réseaux sociaux, l'analyse des coûts de transaction ou la modélisation par la théorie des jeux (Spielman, 2005). Depuis quelque temps, on utilise aussi de plus en plus les plans d'expérience dans l'évaluation des impacts, bien que les applications aux services de conseil agricoles restent rares. Toutes ces approches ont leurs avantages et désavantages face aux problèmes méthodologiques, et ces questions ont été très étudiées.

Une autre méthodologie, qui a été élaborée dans le contexte des systèmes d'innovation, est celle des indicateurs d'innovation, que l'on peut utiliser pour évaluer les performances d'un secteur ou d'un pays par rapport à d'autres pays dans ce domaine et suivre l'évolution au cours du temps. Cette approche est largement employée pour l'analyse comparative des performances des systèmes d'innovation dans les pays de l'OCDE. Sur cette base, on peut élaborer différents indicateurs de l'innovation agricole, tels que : des indicateurs décrivant les capacités et les niveaux d'investissement dans la recherche, les services de conseil et la formation et l'éducation agricoles ; des indicateurs des liens et partenariats avec d'autres acteurs dans les systèmes d'innovation agricole ; des indicateurs de l'échange de technologie transfrontière ; des indicateurs de succès du ciblage de catégories particulières d'agriculteurs (par ex., petites exploitations) pour le potentiel d'innovation ; et des indicateurs de résultats, comme le nombre de nouvelles variétés enregistrées ou les taux d'adoption de pratiques agricoles innovantes. Ces indicateurs, qui sont appropriés à l'évaluation comparative entre les pays, pourraient jouer un rôle important dans l'orientation des politiques de l'innovation agricole.

L'OCDE, dans le contexte de ses travaux sur les systèmes d'innovation agricole, a élaboré un cadre pour analyser le rôle du gouvernement en faveur de l'innovation dans le secteur agricole et agro-alimentaire. Ce cadre comprend un questionnaire et des suggestions pour des indicateurs comparatifs possibles concernant les innovations agricoles (OCDE, 2013).

Une autre approche employée est « l'auto-évaluation » des agriculteurs qui participent aux activités gouvernementales de conseil et de vulgarisation. Cela correspond davantage à l'approche du « développement humain » mentionnée dans l'encadré 4.2 (SOLINSA, 2014). En **Suède**, par exemple, l'évaluation des services de conseil à l'intérieur du programme de développement rural a pour base l'appréciation personnelle des agriculteurs sur l'impact du conseil, au lieu de reposer sur des études de terrain visant leur comportement (Conseil suédois de l'agriculture, 2010 ; 2011). D'après les résultats d'un questionnaire écrit adressé à 8 000 agriculteurs qui ont bénéficié de services de conseil dans l'exploitation ou qui ont pris part à des formations collectives en 2010, 20 % des agriculteurs qui ont bénéficié de services de conseil dans l'exploitation déclarent avoir ensuite changé leurs pratiques pour les rendre plus respectueuses de l'environnement. En ce qui concerne la formation collective, sa durée ne semble pas directement influer sur le degré de changement de comportement. Environ 40 % des participants à la formation déclarent avoir ensuite adopté des pratiques plus écologiques. Environ 10 % qualifient ce changement de « fort » ou « très fort ».

Certains auteurs préconisent des méthodes associant des analyses quantitatives et qualitatives, qui, selon eux, sont plus en mesure de saisir la complexité de la dynamique (Faure et al., 2012). Bien que les évaluations de ce genre soient compliquées à mener et coûteuses, elles donnent la possibilité d'établir un lien causal entre les impacts mesurés et les méthodes des services de conseil mises en œuvre.

Il y a peu de recherches concernant les impacts au-delà des performances de l'exploitation. Certaines études s'attachent à décrire le processus d'apprentissage dans une situation de conseil donnée, mais rares sont celles qui peuvent prétendre mesurer l'impact de l'organisation d'un service de conseil sur ces processus en mettant en lumière une relation de cause à effet.

Une approche classique consiste à interroger les bénéficiaires sur les connaissances qu'ils ont acquises, comme l'ont fait Hall et al. (2004) aux **États-Unis** auprès d'éleveurs de bovins. En **Australie**, Cameron et Chamala (2004) ont appliqué une « approche de recherche-action » pour évaluer l'impact d'un service de conseil visant à améliorer les compétences de gestion des agriculteurs, avec des indicateurs synthétiques calculés au moyen de données collectées auprès des agriculteurs participant au programme[8]. D'autres auteurs cherchent à établir un lien entre les processus d'apprentissage et les impacts de ces derniers. Par exemple, King et al. (2001) montrent qu'en **Australie**, une méthode d'apprentissage participatif (Participatory Action Learning), dans laquelle les agriculteurs analysent les enseignements tirés de leur propre vécu, améliore l'efficacité de l'apprentissage individuel et collectif.

En **Italie**, Bartoli et Rocca (2012) analysent l'attitude des agriculteurs dans le recours aux services de vulgarisation, en se fondant sur l'approche séquentielle conscience-connaissance-adoption-productivité exposée par Evenson (1996). Leurs résultats confirment qu'en raison d'un ensemble de contraintes socioéconomiques qui font obstacle à une pleine adoption des services de vulgarisation agricole, la simple conscience n'engendre pas automatiquement l'adoption[9].

Notes

1. Ludwig (2007) aux **États-Unis** et Marsh et Pannell (2000) en **Australie** montrent l'intérêt de générer des interactions entre les activités de recherche et les services de conseil, notamment pour faciliter le retour d'information des agriculteurs sur leur expérience vers les chercheurs.

2. Labarthe (2005a) propose un cadre d'analyse inspiré de l'économie des services qui permet de décrire la production des innovations au sein des organisations de services de conseil. Il observe cinq types d'innovation en rapport avec les services de conseil, axés sur : i) les compétences des conseillers ; ii) les méthodes de fourniture des services ; iii) le traitement de l'information ; iv) la production et la gestion des connaissances ; et v) les aspects interpersonnels de la relation conseiller-client.

3. Une méta-analyse de Prokopy et al. (2008) sur les déterminants de l'adoption des meilleures pratiques de gestion agricoles aux **États-Unis** montre que le niveau éducatif, le capital, le revenu, la taille de l'exploitation, l'accès à l'information, l'attitude positive à l'égard de l'environnement, la sensibilisation à l'environnement et l'utilisation de réseaux sociaux sont les principales variables en général positivement associées aux taux d'adoption. Au **Canada**, les agriculteurs ayant un Plan agroenvironnemental qui n'ont pas mis en œuvre les meilleures pratiques de gestion en donnent comme principale raison les contraintes économiques et le manque de temps (respectivement 55.5 % et 23.3 %), tandis que seulement 6 % invoquent le manque d'information (STC, 2011).

4. Selon la théorie de la motivation de la protection de Rogers (2003), des messages alarmants seront efficaces quand ils convainquent les destinataires que (a) le problème est sérieux, (b) ils sont exposés au problème, (c) les recommandations réduiront le problème, et (d) ils sont capables d'appliquer les recommandations. Toutefois, l'objectif ne doit pas être d'effrayer le destinataire car, en plus de la question morale, l'exagération risque de nuire à l'efficacité du message.

5. Voir, par exemple, OCDE (2009).

6. La CTA veille à ce que les propriétaires fonciers aient connaissance des obligations de conservation édictées par les pouvoirs publics. Elle apporte un soutien financier pour les aider à concevoir, adopter et appliquer un ensemble approprié de technologies et de pratiques ; elle aide à évaluer l'état des ressources écologiques et biologiques et elle offre une assistance aux efforts publics et privés pour établir des plans de conservation à l'échelle d'un bassin versant ou d'une zone régionale.

7. Cela a été le cas en **Nouvelle-Zélande**, où l'évaluation d'un projet visant à améliorer les résultats économiques et environnementaux dans le bassin de Waituna, Southland, conduit entre 2005 et 2007, a montré qu'il avait entraîné une évolution notable vers des pratiques de gestion durables, mais sans aucune amélioration perceptible de la qualité de l'eau d'après un examen réalisé en 2009 (Nimmo-Bell, 2009).

8. La recherche-action est une méthode d'investigation qui implique l'abord systématique d'un problème ou d'une question en vue de trouver – par l'expérimentation de différentes approches – la voie la plus appropriée (www.web.ca/~robrien/papers/arfinal.html).

9. Ils constatent que, sans aucune référence à leurs caractéristiques socioéconomiques, les agriculteurs ont bien conscience de l'existence des services de vulgarisation agricole, dans la majorité des exploitations étudiées. Cependant, la connaissance et l'adoption n'atteignent que le tiers de la demande potentielle totale.

Bibliographie

ADE (Aide à la décision économique) (2009), *Evaluation of the Implementation of the Farm Advisory System*, ADE en collaboration avec l'ADAS, Agrotec et Evaluators EU, Belgique, ec.europa.eu/agriculture/eval/reports/fas/index_en.htm.

AEA (2010), *Agricultural advisory services analysis*, rapport au DEFRA, n° 4, juillet 2010, archive.defra.gov.uk/foodfarm/landmanage/climate/documents/advisory-analysis.pdf.

Ahnstrom, J., C. Francis et al. (2009), « Farmers and nature conservation: What is known about attitudes, context factors and actions affecting conservation? », *Renewable Agriculture and Food Systems*, vol. 24, n° 1.

Akobundu, E., J. Alwang et al. (2004), « Does Extension Work? Impacts of a Program to Assist Limited-Resource Farmers in Virginia », *Review of Agricultural Economics*, vol. 26, n° 3.

Anderson J. et G. Feder (2007), *Agricultural extension*, dans Handbook of agricultural economics, vol. 3 (dir. pub. R. Evenson et P. Pingali). Amsterdam, Pays-Bas. Elsevier Science.

Black, A. (2000), « Extension theory and practice: a review », *Australian Journal of Experimental Agriculture*, vol. 40, n° 4.

Barnes, A. J. Willock, L. Toma, C. Hall (2011), « Utilising a farmer typology to understand farmer behaviour towards water quality management: Nitrate Vulnerable Zones in Scotland », *Journal of Environmental Planning and Management*, vol. 54, n° 4.

Bartoli, L. et G. la Rocca (2012), « Impact of Agricultural Extension Services on Sustainable Agriculture in Italy », *Journal of External Systems*, vol. 28, n° 1.

Birner, R., K. Davis et al. (2009), « From best practice to best fit: a framework for designing and analyzing agricultural advisory services worldwide », *Journal of Agricultural Education and Extension*, vol. 15, n° 4.

Birner R., K. Davis et al. (2006), *From "best practice" to "best fit": a framework for designing and analyzing pluralistic agricultural advisory services worldwide,* EPTD Discussion Papers 05, International Food Policy Research Institute (IFPRI). Washington.

Blackstock, K., J. Ingram et al. (2010), « Understanding and influencing behaviour change by farmers to improve water quality », *Science of the Total Environment*, vol. 408.

Burton, R., C. Kuczera et G. Schwarz (2008), « Exploring Farmers' Cultural Resistance to Voluntary Agri-environmental Schemes », *Sociologia Ruralis*, vol. 48, n° 1.

Burton, R., J. Dwyer et al. (2006), *Influencing positive environmental behaviour among farmers and land managers – a literature review,* Countryside and Community Research Institute et Macaulay Land Use Research Institute.

Buttel, F. (2001), « Has environmental sociology arrived? », article présenté à l'Annual Meeting of the American Sociological Association, Anaheim, CA.

Cameron D. et S. Chamala (2004), « Measuring impacts of an holistic farm business management training program », *Australian Journal of Experimental Agriculture*, vol. 44, n° 6.

Charatsary, C., A. Papadaki-Klaudianou et A. Michailidis (2011), « Farmers as consumers of agricultural education services: willingness to pay and spend time », *Journal of Agricultural Education and Extension*, vol. 17, n° 3.

Conseil suédois de l'agriculture (2010), [Le service de conseil dans le programme de développement rural – Rapport d'une enquête statistique menée au printemps 2010]. *Kompetensutveckling inom landsbygdsprogrammet – Rapport från en statistisk undersökning genomförd våren 2010.* Rapport 2010:30.

Conseil suédois de l'agriculture (2011), [Analyse du service de conseil dans le programme de développement rural – Approfondissement du rapport 2010:30]. *Analys av kompetensutvecklingen inom Landsbygdsprogrammet – Fördjupning av rapport. 2010:30.* Rapport 2011:39.

Damianos, D. (2015), "An Analysis of the Performance of Farm Advisory Services as Related to Fostering Green Growth in Agriculture – The Case of Greece", document interne de l'OCDE.

Dwyer, J. et M. Reed (2015), "Promoting Green Growth in England and Welsh Agriculture: Evaluating the Role of "Soft" Measures – Training, Advice and Extension", document interne de l'OCDE.

Department for Environment, Food and Rural Affairs (DEFRA) (2010), *Agricultural Advisory Services Analysis*, juillet. archive.defra.gov.uk/foodfarm/landmanage/climate/documents/advisory-analysis.pdf.

DEFRA (2007), *Understanding and Influencing Positive Behaviour Change in Farmers and Land Managers.* webcache.googleusercontent.com/search?q=cache:nAEDBgOVW0YJ:randd.defra.gov.uk/Document.aspx%3FDocument%3DWU0104_6750_FRP.doc+&cd=1&hl=en&ct=clnk&gl=fr

Ekboir, J. (2003), « Why Impact Analysis Should Not Be Used for Research Evaluation and What the Alternatives are », *Agricultural Systems*, vol. 78.

Task Force on Impact Assessment and Evaluation, European Initiative for Agricultural Research for Development (EIARD) (2003), « Impact Assessment and Evaluation in Agricultural Research for Development », *Agricultural Systems*, vol. 78.

EUROSTAT (2013), *Agri-environmental indicators – Farmers' training level and use of environmental farm advisory services*, epp.eurostat.ec.europa.eu/statistics_explained/index.php/Agri-environmental_indicator_-_farmers%E2%80%99_training_and_environmental_farm_advisory_services.

Evenson, R. (1996), « The economic contributions of agricultural extension to agricultural and rural development », dans FAO (1996), *Improving Agricultural Extension: a Reference Manual*, 3e édition, Rome.

Faure, G., Y. Desjeux et P. Gasselin (2012), « New Challenges in Agricultural Advisory Services from a Research Perspective: A Literature Review, Synthesis and Research Agenda », *Journal of Agricultural Education and Extension*, vol. 18, n° 5.

Fazio, R., S. Farm, C. Georgia, J. Baide et J. Molnar (2010), *Barriers to adoption of sustainable agriculture practices: Working Farmer and Change Agent Perspectives*, Final Report to the Southern Region Sustainable Agriculture Research and Education Program (SARE) and the Alabama Agricultural Experiment Station.

Gadrey, J. (2000), « The characterisation of goods and services: an alternative approach », *Review of Income and Wealth*, vol. 46, n° 3.

Garforth, C., B. Angell, J. Archer et K. Green (2002), *Improving access to advice for land managers: a literature review of recent developments in extension and advisory services*, DEFRA Research Project KT0110, Londres.

Gowdy, J. (2008), « Behavioural economics and climate change policy », *Journal of Economic Behaviour and Organization*, vol. 68, doi:10.1016/j.jebo.2008.06.011.

Hall, A., B. Yoganand, R. Sulaiman, S. Raina, C. Prasad, C. Naik et N. Clark (dir. pub.) (2004), *Innovations in Innovation: Reflections on Partnership, Institutions and Learning*. Patancheru, Inde : International Crops Research Institute for the Semi-Arid Tropics.

Hoffmann, V., M. Gerster-Bentaya, A. Christinck et M. Lemma (dir. pub.) (2009), *Rural Extension. Volume 1: Basic Issues and Concepts*, Weikersheim, Margraf Publishers.

Holloway, G. et S. Ehui (2001), « Demand, Supply and Willingness-to-Pay for Extension Services in an Emerging-Market Setting », *American Journal of Agricultural Economics*, vol. 83, n° 3.

Ingram, J., P. Gaskell, J. Mills et C. Short (2013) « Incorporating agri-environment schemes into farm development pathways: a temporal analysis of farmer motivations », *Land Use Policy*, vol. 31, dx.doi.org/10.1016/j.landusepol.2012.07.007.

Kahneman, D. (2011), *Thinking, Fast and Slow*, Farrar, Straus and Giroux, New York.

King, C., J. Gaffney and J. Gunton (2001), « Does participatory action learning make a difference? Perspectives of effective learning tools and indicators from the conservation cropping group in North Queensland, Australia », *Journal of Agricultural Education and Extension*, vol. 7, n° 4.

Labarthe, P. (2005a), « Performance of Services: A Framework to Assess Farm Extension Services », document rédigé pour la présentation au 11e séminaire de l'European Association of Agricultural Economists (EAAE), *The Future of Rural Europe in the Global Agri-Food System*, Copenhague, Danemark, 24-27 août 2005, ageconsearch.umn.edu/bitstream/24712/1/cp05la01.pdf.

Labarthe, P. (2005b), «Trajectoire d'innovation des services et inertie institutionnelle : dynamique du conseil dans trois agricultures européennes », *Géographie, Economie, Société*, vol. 73, n° 3.

Labarthe, P. et C. Laurent (2013), « Privatization of agricultural extension services in the EU: Towards a lack of adequate knowledge for small-scale farms? », *Food Policy*, vol. 38, dx.doi.org/10.1016/j.foodpol.2012.10.005.

Lohr, L. et T. Park (2003), « Improving extension effectiveness for organic clients: Current status and future directions », *Journal of Agricultural and Resource Economics*, vol. 28, n° 3.

Ludwig, B. (2007), « Today is yesterday's future: globalizing in the 21st century », *Journal of International Agricultural and Extension Education*, vol. 14, n° 3.

Marsh, S., D. Pannell et R. Lindner (2004), « Does agricultural extension pay? A case study for a new crop, lupins, in Western Australia », *Agricultural Economics*, vol. 30, n° 1.

Marsh, S. et D. Pannell (2000), « Agricultural extension policy in Australia: the good, the bad and the misguided », *Australian Journal of Agricultural and Resource Economics*, vol. 44, n° 4.

Mills, J., P. Gaskell, M. Reed, C. Short, J. Ingram, N. Boatman, N. Jones, S. Conyers, P. Carey, M. Winter et M. Lobley (2013), *Farmer attitudes and evaluation of outcomes to on-farm environmental management*. Report to DEFRA. CCRI : Gloucester.

Nimmo-Bell (2009), Evaluation of Sustainable Farming Fund Projects, rédigé pour le MAF Sustainable Farming Fund, Nimmo-Bell & Company Ltd, Nouvelle-Zélande.

OCDE (2013), *Les systèmes d'innovation agricole : Cadre pour l'analyse du rôle des pouvoirs publics*, Éditions OCDE, Paris, doi : dx.doi.org/10.1787/9789264200661-fr.

OCDE (2012), *Politiques agricoles: suivi et évaluation 2012: Pays de l'OCDE*, Éditions OCDE, Paris, doi: dx.doi.org/10.1787/agr_pol-2012-fr.

OCDE (2009), *Méthodes de suivi et d'évaluation des incidences des politiques agricoles sur le développement rural*, rapport de l'OCDE, Éditions OCDE, Paris, doi : www.oecd.org/fr/tad/agriculture-durable/44111411.pdf.

Pannell, D., G. Marshall, N. Barr, A. Curtis, F. Vanclay et R. Wilkinson (2006), « Understanding and promoting adoption of conservation practices by rural landholders », Extension, vol. 46, n° 11.

PROAKIS (Prospects for Farmers' Support: Advisory Services in the European Agricultural Knowledge and Information Systems) (2014), recherche financée par l'UE, 7e Programme cadre, www.proakis.eu/.

Prokopy, L., K. Floress, D. Baumgart-Getz et D. Klotthor-Weinkauf (2008), « Determinants of agricultural best management practice adoption: Evidence from the literature », Journal of Soil and Water Conservation, septembre/octobre, vol. 63, n° 5.

Röling, N. (1990), The Agricultural research-technology transfer interface: a knowledge systems perspective. Dans *Making the Link: Agricultural Research and Technology Transfer in Developing Countries*. Westview Press, Boulder.

Rogers, E.M. (2003), *Diffusion of Innovations*, New York : The Free Press.

Ruttan, V. (1996), « Induced Innovation and Path Dependence: A Reassessment with Respect to Agricultural Development and the Environment », *Technological Forecasting and Social Change*, vol. 53, n° 1.

Scoones, I. et J. Thompson (dir. pub.) (2009), *Farmer first revisited: Innovation for agricultural research and development* , CTA Publishing, Royaume-Uni.

SOLINSA (2014), Support of Learning and Innovation Networks for Sustainable Agriculture, EU funded research, 7th Framework Programme, www.solinsa.org/.

Southerton, D., A. McMeekin et D. Evans (2011), *International Review of Behaviour Change Initiatives: Climate Change Behaviours Research Programme*, Scottish Government Social Research.

Spielman, D. (2005), *Innovation Systems Perspectives on Developing-Country Agriculture: A Critical Review*, International Food Policy Research Institute (IFPRI), ISNAR Discussion Paper 2, www.cgiar-ilac.org/files/Spielman_ISNAR_DP2_Innovation.pdf.

Statistique Canada (STC) (2011), *L'enquête sur la gestion agroenvironnementale*, Ottawa, Canada.

Stubbs, M. (2010), *Technical Assistance for Agriculture Conservation*, Congressional Research Service. www.crs.gov.

Tchuisseu, R. et P. Labarthe (2015), "Investing in Knowledge to Support the Adoption of Environmentally-friendly Practices: Lessons Learned from the Canadian Growing Forward Program", an OECD internal document.

University of Gloucestershire, Countryside and Community Research Institute et Macaulay Land Use Research Institute, Aberdeen (CCRI/MLURI) (2006), *Influencing positive environmental behaviour: behaviour among farmers and landowners – a literature review*, annexes 1 et 2 du rapport final.

Waddington, H., B. Snilstveit, H. White et J. Anderson (2010), *The Impact of Agricultural Extension Services*. 3ie Synthetic Reviews SR00 9 Protocol. International Initiative for Impact Evaluation. www.3ieimpact.org/media/filer/2012/05/07/009%20Protocol.pdf.

Chapitre 5

Investir dans les connaissances : enseignements à tirer de quelques études de cas

Ce chapitre résume les principales constatations et les enseignements à tirer de cinq études de cas : le système de recherche-développement et de vulgarisation des industries primaires d'Australie ; le programme « Cultivons l'avenir » canadien ; les mesures « non contraignantes » en Angleterre et au Pays de Galles ; le système de conseil agricole en Grèce ; et le fonds pour l'agriculture durable en Nouvelle-Zélande.

Cinq études de cas ont été entreprises pour illustrer brièvement les différentes méthodes et les meilleures pratiques utilisées pour proposer des conseils aux agriculteurs et les initiatives prises par les pouvoirs publics pour encourager la croissance verte. L'étude de cas sur l'**Australie** expose à grands traits l'évolution, les caractéristiques et la performance du système de recherche-développement et vulgarisation australien et sa contribution à l'amélioration de la compétitivité et de la durabilité du secteur agricole. L'étude de cas sur **l'Angleterre** et le **Pays de Galles** donne des aperçus sur le fonctionnement, les points forts et les points faibles de leur système de connaissances agricoles afin d'évaluer les conseils proposés ainsi que les autres mécanismes de mesures "non contraignantes" qui assurent ou stimulent l'échange de connaissances et l'acquisition de compétences permettant de favoriser la transition vers une agriculture durable. L'étude de cas sur la **Grèce** analyse les performances du Système de conseil agricole (SCA), établi en 2007, conformément à la réforme de la PAC de l'UE de 2003, et conçu pour être indépendant de l'ancien système de vulgarisation. Cependant, il a été constaté que les pratiques les mieux adaptées sont proposées par le SCA dans un contexte d'inaction institutionnelle, de transfert de connaissances inadéquat, et de potentiel agricole inutilisé. L'étude de cas sur la **Nouvelle-Zélande** examine l'expérience du Fonds pour l'agriculture durable (Sustainable Farming Fund), une des principales sources de financement de l'innovation et de la recherche agro-environnementales. Cette étude de cas souligne l'importance des projets de recherche à l'initiative de communautés locales pour procurer des avantages économiques, environnementaux et sociaux aux industries primaires et aux collectivités rurales d'un pays. Enfin, l'étude de cas sur le **Canada** examine la question de l'investissement dans les connaissances destiné à soutenir l'adoption de pratiques respectueuses de l'environnement, en analysant le programme canadien "cultivons l'avenir" dans trois provinces : la Colombie-Britannique, l'Ontario et le Québec. Pour toutes les études de cas, la méthodologie repose sur la combinaison d'un examen de la documentation, de la réalisation d'entretiens et de l'analyse de documents relatifs à l'action publique.

Le système de recherche-développement et de vulgarisation des industries primaires d'Australie

Points clés

- Le système de recherche-développement et de vulgarisation (R-D&V) des industries primaires d'Australie est un important moteur de l'innovation et de l'amélioration de la compétitivité et de la durabilité du secteur agricole. Sa force réside dans les partenariats qui s'établissent entre les Research and Development Corporations (RDC, organisations de recherche-développement) rurales, les autorités publiques, les agriculteurs et les autres acteurs du secteur privé, qui tous contribuent à identifier et prioriser les questions qui requièrent des activités de R-D&V.
- Le modèle des RDC permet de faire en sorte que les producteurs qui bénéficient de la recherche contribuent aussi à en assumer les coûts. Les évaluations périodiques des performances et de l'impact du système de R-D&V australien indiquent que le retour sur les investissements, les gains de productivité et l'amélioration de l'environnement sont autant de résultats significatifs, même si l'effet sur l'environnement est difficile à quantifier.
- La problématique essentielle est de maximiser le retour sur les investissements publics tout en minimisant les coûts de transaction parmi les multiples prestataires et autorités qui constituent le système de R-D&V australien. Cela inclut la nécessité d'améliorer l'équilibre entre différents types d'investissement public (par exemple, entre la R-D et la vulgarisation ; entre, d'un côté, la préoccupation de la qualité des aliments et la gestion de la sécurité des aliments au long des chaînes de valeur et, de

l'autre, la gestion des ressources naturelles ; ou entre la R-D transversale et la R-D propre à un produit particulier).

Description

Dans le cadre des accords entre le gouvernement national et les autorités des États, l'Australie a établi un système de recherche-développement et vulgarisation (R-D&V) pour les industries primaires unique en son genre, dans lequel un certain nombre d'acteurs collaborent. Il existe divers programmes rattachés à plusieurs ministères qui apportent un financement à la R-D&V rurale. Une part importante du financement de la R-D&V rurale par le gouvernement australien passe par des Research and Development Corporations (RDC, organisations de recherche-développement) rurales, qui relèvent du ministère de l'Agriculture, de la Pêche et de la Sylviculture.

Le système de R-D&V est régi par la législation nationale australienne qui facilite la perception de fonds auprès des industries. Les fonds collectés sont complétés par un montant égal du gouvernement australien. Ces fonds sont gérés par la RDC rurale qui co-investit avec les fournisseurs de services de R-D&V, tels que les organismes publics des États et territoires, les universités ou le secteur privé. Ces derniers temps, ce système a évolué sous l'effet de diverses influences pour répondre au changement des besoins de ses parties prenantes.

Le modèle de vulgarisation en vigueur en Australie après 1950 était plus linéaire – les scientifiques produisaient la recherche et la livraient aux agriculteurs – et les organismes publics (locaux ou des États) dominaient la fourniture de ces services. Cependant, au cours du temps, les investissements publics dans les services de vulgarisation ont graduellement baissé, tandis que le secteur privé voyait son rôle augmenter considérablement avec la fourniture de services variés. La participation du secteur privé ne s'est pas accrue au même rythme dans toutes les industries ou unités territoriales, ce qui a conduit à des approches de la vulgarisation différentes à l'intérieur du pays. Par exemple, le secteur céréalier recourt presque entièrement au secteur privé pour les services de vulgarisation, par le biais de consultants privés ou de collectifs d'agriculteurs, alors que les autorités publiques ont maintenant tendance à axer leur action sur la fourniture de services spécialisés (par exemple, biométrie) et de services de vulgarisation dans le domaine de la biosécurité et des biens publics comme la gestion des ressources naturelles.

L'originalité du système de R-D&V australien réside dans le modèle de cofinancement des activités de R-D rurale par les RDC rurales, établi en 1989. Le modèle des RDC rurales consiste en un partenariat public-privé entre le gouvernement australien et l'industrie privée, dans lequel les RDC font exécuter la R-D rurale au moyen de fonds collectés auprès des transformateurs de produits agricoles et payés soit par ces derniers, soit par les producteurs primaires – suivant la branche considérée – ainsi que d'une contribution à égalité du gouvernement à concurrence de 0.5 % de la valeur brute de la production de la branche d'activité. Il existe 15 RDC couvrant pratiquement toutes les branches d'activité agricoles, ainsi que la pêche et l'industrie forestière et les produits en bois (Grant, 2012). Le modèle de co-investissement des RDC présente les principaux avantages suivants :

- il aide à faire en sorte que tous les producteurs qui bénéficient de la recherche contribuent à la payer et il remédie au problème des « profiteurs » qui pourrait entraîner un sous-investissement dans la R-D ;
- il aide à susciter une R-D additionnelle bénéfique pour la société, notamment dans les situations où les avantages se dispersent finement sur un large éventail d'industries ou profitent principalement à la population en général ;
- il aide à faire en sorte que l'argent public ne soit pas dépensé en des recherches de faible intérêt pratique ; et

- il permet une adoption plus forte et plus rapide des résultats de la recherche (OCDE, 2015a).

Bien que les RDC soient la pierre angulaire du système de R-D&V national, il a fallu attendre la mise en place du cadre intitulé National Primary Industries Research, Development and Extension Framework (NPIRDEF) pour qu'il existe un système national de R-D&V véritablement intégré, pour les industries primaires. Le NPIRDEF, qui résulte d'un accord conclu en 2009 entre toutes les grandes parties prenantes du « Système de connaissances agricoles » australien (c'est-à-dire, le gouvernement fédéral et les autorités des États, les RDC, l'Organisation nationale de la recherche scientifique et industrielle et le Conseil des doyens des universités agricoles d'Australie), vise à encourager une collaboration accrue et à promouvoir une amélioration continue de l'emploi des ressources de R-D&V à l'échelle nationale (Framework, 2014). À l'heure actuelle, le NPIRDEF comprend 14 stratégies sectorielles (une pour chaque RDC, comme la production laitière, les céréales, le sucre, le coton ou la laine) et 8 stratégies transsectorielles (bien-être animal, biosécurité végétale, biosécurité animale, alimentation et nutrition, utilisation de l'eau, changement climatique, biocarburants et bioénergie, et sols).

Un certain nombre d'améliorations du système de R-D&V national sont apparues à mesure que les stratégies sectorielles et transsectorielles étaient élaborées et mises en œuvre : stratégies nationales concertées ; arrangements de gouvernance plus ouverts à la participation de parties prenantes plus nombreuses ; coopération plus stratégique entre les industries et les autorités publiques ; mécanismes de financement plus stables permettant des investissements à plus long terme, une meilleure planification des ressources et une plus grande sécurité de l'emploi pour le personnel ; des capacités de recherche nationales renforcées afin de mieux traiter les questions sectorielles et transsectorielles ; et des ressources de R-D&V focalisées, employées de façon plus efficace, plus efficiente et plus collaborative, de manière à réduire la fragmentation et les doublons dans la R-D&V des industries primaires (OCDE, 2015a).

Malgré ces progrès, il reste un certain nombre de problèmes à résoudre : la gestion de la mise en œuvre des stratégies est une lourde tâche étant donné la grande diversité des partenaires ; les stratégies transsectorielles sont intrinsèquement plus complexes ; la réduction perceptible du financement public alors que les objectifs s'élargissent ; et la nécessité d'améliorer l'équilibre entre différents types d'investissement public (par exemple, équilibre entre R-D et vulgarisation, équilibre entre R-D transversale et R-D propre à un produit particulier, etc.) (Grant, 2012).

Évaluation

Les performances et l'impact du système de R-D&V australien font périodiquement l'objet d'évaluations à divers niveaux :

- évaluations du système de R-D&V (par exemple, Productivity Commission, 2011 ; Allen, 2012) ;
- évaluations de portefeuille (évaluation de l'investissement global des RDC ou d'investissements transsectoriels) (par exemple, Acil-Tasman, 2008 ; 2010) ;
- évaluations d'industrie (couvrant des secteurs particuliers) ;
- évaluations de programme (couvrant des programmes de moyenne ou longue durée, comprenant souvent de multiples projets) ;
- évaluations de projet (couvrant un projet donné, non considérées ici).

Les performances de la R-D&V des industries primaires australiennes ont fait l'objet d'un grand nombre d'évaluations dont il ressort globalement des constatations similaires. Les rendements économiques estimés varient d'un projet à l'autre mais ils sont dans l'ensemble élevés, avec des ratios coûts-avantages qui justifient les investissements. Les évaluations des rendements sociaux et environnementaux sont plus rares, plus qualitatives et couramment associées aux rendements économiques.

Les études de cas au niveau des portefeuilles, industries ou programmes montrent que des avantages substantiels en matière de productivité ou sur le plan environnemental ou social ont été générés au profit de l'industrie et du public, en général simultanément. Toutefois, il n'est pas possible de quantifier certains de ces avantages, en particulier dans le domaine environnemental ou social. D'après des estimations prudentes, les avantages l'emportent généralement sur les coûts dans un rapport d'au moins 3 à 1. Par exemple, les études de cas mentionnent : un doublement de la production de lait en 30 ans ; la revitalisation du secteur de l'agneau ; l'amélioration de la gestion des produits chimiques dans le secteur du coton ; une production céréalière plus durable ; des améliorations très variées dans la gestion des ressources naturelles ; et d'importants effets bénéfiques sociaux. Ces avantages sont généralement concomitants.

Le modèle des RDC est réexaminé à intervalles réguliers. La Productivity Commission, qui est l'organe de recherche et de conseil indépendant auprès du gouvernement australien pour différentes questions économiques, sociales et environnementales, a conduit une investigation sur le modèle des RDC en 2010 (Productivity Commission, 2011). Elle estime le total des coûts récurrents à environ 1.5 milliard AUD par an et elle considère aussi la possibilité d'une réduction du nombre des RDC, ainsi que les économies de frais généraux potentielles qui résulteraient d'un regroupement de leurs tâches administratives.

Cette enquête valide en grande partie le modèle des RDC. Elle ne trouve aucune raison probante de réduire le nombre des RDC, même si elle recommande de rechercher des gains d'efficience dans les frais généraux et les fonctions administratives. Le degré « d'additionnalité » associé à l'investissement public et la répartition des avantages par rapport aux niveaux de financement font l'objet de critiques. Le rapport affirme que les avantages que recueille l'industrie sont importants et suffisants pour attirer, de sa part, des investissements plus élevés. Il juge aussi que les avantages pour le public sont modestes en regard des parts de financement (fonds publics 76 %, industrie 24%), ce qui met en lumière le risque d'un certain « évincement » de l'investissement du secteur privé.

Deux évaluations de portefeuille très détaillées ont été réalisées pour mesurer les rendements économique, environnemental et social des investissements en R-D des RDC, au moyen de méthodologies coûts-avantages couvrant un ensemble de projets (Acil-Tasman 2008 ; 2010). Les rapports indiquent que ce sont les plus vastes évaluations de la R-D rurale effectuées jusqu'à présent en Australie. L'examen de 2008 portait sur 36 projets montrant une « grande réussite » confirmée par les faits et 32 projets « tirés au hasard » dans un ensemble de 600. Les projets tirés au hasard devaient donner une indication des rendements moyens des investissements et les projets à grande réussite une indication des rendements potentiels. La sélection s'est faite dans tout l'éventail des domaines couverts par les RDC. L'étude établit aussi un contrefactuel pour estimer quel aurait pu être le résultat en l'absence des interventions. Les impacts économiques, environnementaux et sociaux été pris en considération, quantifiés quand c'était possible ou sinon appréciés qualitativement.

Une évaluation similaire des RDC a été réalisée en 2009 avec 59 programmes tirés au hasard représentant 676 millions AUD d'investissements dans le domaine de la sylviculture, de la viande, des cultures fourragères, de la biologie des sols, de l'éducation et de la gestion de la pêche. Il en ressort que les avantages l'emportent sur les coûts dans un rapport de 2.4 à 1 après 5 ans, 5.6 à 1 après 10 ans et 10.5 à 1 après 25 ans, résultats très similaires à l'évaluation de 2008. Cette série d'horizons temporels a le mérite de montrer l'accumulation des avantages au cours du temps, 60 % des projets ayant une valeur actuelle nette à 5 ans positive et 76 % à 10 ans.

Globalement, l'estimation des retours sur investissement est par nature plus difficile pour la R-D&V. Dans les industries primaires, il faut couramment deux ou trois décennies pour que la R-D&V aboutisse à une large adoption (Alston et al., 2011). Ces longues périodes sont ouvertes à de nombreuses interventions, positives ou négatives, souvent de nombreux acteurs, avec certains facteurs impossibles à maîtriser (comme la météo). Il peut être difficile, voire impossible, de démêler ces effets. En outre, on ne possède pas de données suffisantes pour évaluer les performances au stade de la mise en œuvre ou les résultats sociaux non économiques (Cuevas-Cubria et al., 2012). Néanmoins, même si les évaluations coûts-avantages surestiment peut-être dans une certaine mesure les avantages, il existe des preuves solides que la R-D&V dans les industries primaires a de forts rendements économiques par rapport à l'investissement.

Enseignements à tirer et recommandations pour l'action gouvernementale

Temps et ressources

L'évaluation est plus difficile dans ce domaine, en raison des problèmes d'attribution des effets et de la longueur de la période sur laquelle ils se manifestent et de l'absence d'une valeur quantifiable pour certains avantages importants (par exemple, certains résultats environnementaux ou sociaux). Néanmoins, les évaluations (de type portefeuille, industrie ou programme) des impacts apportent des preuves substantielles que le retour sur l'investissement pour l'économie, pour l'environnement et pour la société est élevé, avec des ratios avantages-coûts couramment supérieurs à 3 pour 1. Le changement peut prendre plusieurs années à recueillir un soutien suffisant et à monter en régime. Des ressources appropriées et en volume suffisant sont requises pour l'élaboration du modèle, le processus de changement et une mise en œuvre continue.

Financement par l'industrie et par le gouvernement

Les arrangements qui rassemblent des ressources de l'industrie et du gouvernement présentent un certain nombre d'avantages importants : ils augmentent le total des ressources disponibles ; ils accroissent le rôle de l'industrie dans l'élaboration des stratégies et l'établissement des priorités et améliorent ainsi la participation et l'adhésion des agriculteurs ; ils permettent à l'industrie de contribuer aux effets dont elle bénéficie ; et ils permettent d'aborder des biens publics plus généraux, comme la gestion des ressources naturelles, en conjonction avec les avantages pour la productivité de l'industrie. Il est très important que toutes les parties concernées et les ressources nécessaires au fonctionnement du modèle soient couvertes par ces arrangements, sous peine de perdre des capacités cruciales.

Arrangements institutionnels

Les entités responsables de chacun des secteurs ou des domaines transsectoriels (comme les RDC) sont très importantes pour diviser le travail, focaliser les stratégies et les efforts, et faire en sorte que tous les aspects des objectifs globaux soient complètement couverts et suffisamment traités. Un accord qui prend clairement en compte le but, l'intention, les objectifs et les processus des parties met en lumière la raison d'être de l'action collective et harmonise les efforts.

Les stratégies nationales concertées harmonisent et unifient les efforts et génèrent des gains d'efficience significatifs. L'élaboration de chaque stratégie a impliqué d'évaluer les besoins futurs par comparaison aux capacités existantes. Dans la plupart des cas, une action corrective a été lancée pour créer les capacités requises. Les capacités qui n'étaient plus nécessaires ont pu être réaffectées ou rationalisées pour concourir à des ressources plus pertinentes.

Une fonction de gestion conjointe (incluant les grands investisseurs) est nécessaire pour assurer une supervision continue du système, pour aider à l'élaboration des stratégies, à l'amélioration du système et pour rendre compte aux parties prenantes. Il importe d'avoir de bonnes structures et processus pour utiliser de manière efficiente les ressources et pour progresser.

Impact sur la productivité, l'environnement et les aspects sociaux

Le retour sur les investissements est globalement très significatif, avec des avancées sur le plan de la productivité, de l'environnement et des aspects sociaux (souvent simultanément) dans les domaines prioritaires ciblés par les autorités publiques et l'industrie. Ces rendements sont quelquefois difficiles à quantifier précisément mais mêmes les appréciations prudentes montrent que les avantages l'emportent nettement sur les coûts et justifient souvent une augmentation de l'investissement.

Approche stratégique

Une méthode cohérente combinant une approche stratégique (descendante) avec un apport (ascendant) de l'industrie et des fournisseurs de service s'avère plus viable et plus performante qu'une démarche seulement descendante. La force du système de R-D&V australien réside dans les partenariats qui se créent entre l'industrie, les autorités publiques, les agriculteurs et autres acteurs du secteur privé, qui tous contribuent à identifier et prioriser les questions nécessitant un recours à ces activités.

Rôle du secteur privé

Le rôle du secteur privé dans la R-D&V s'accroît et il faut l'encourager en évitant les effets « d'éviction », en favorisant le plus possible le partage des connaissances et en veillant à ce que les relations soient coopératives et à ce que les rôles soient complémentaires. Les autorités publiques s'appuient aujourd'hui sur cette contribution substantielle du secteur privé et il faut noter que, sans cela, certaines innovations importantes ne parviendraient pas jusqu'au marché.

Méthodologies d'évaluation

Les évaluations sont le plus utiles quand elles associent des analyses qualitatives et quantitatives pour enrichir l'appréciation des réalisations. Celles qui se limitent à des métriques particulières risquent de sous-estimer la valeur des résultats et peuvent conduire à une dénaturation préjudiciable des buts. L'attribution des effets à des investissements particuliers est aussi une question problématique. Souvent, la R-D d'autres pays contribue au résultat. Le point peut-être plus important est que ces investissements apportent des avantages considérables à long terme et qu'un effort collectif est nécessaire pour les mettre en œuvre.

Améliorer l'efficacité-coût

Même si le retour sur investissement du système de R-D&V australien est bon, il importe de continuer à surveiller ses coûts de fonctionnement.

Le programme canadien « Cultivons l'avenir »

Points clés

- Dans un contexte de décentralisation, le degré de soutien aux activités de formation et de conseil visant à faciliter l'adoption des mesures agro-environnementales dépend du cadre des priorités nationales et de l'ordre du jour politique local dans chaque province. Globalement, les exploitations de grande taille participent généralement plus que les petites et sont supposées avoir un plus fort impact au regard des objectifs environnementaux.

- L'efficacité avec laquelle ces mesures facilitent la circulation des connaissances à l'intérieur du SCIA dépend des relations entre les syndicats d'agriculteurs et les administrations, et du degré de cohésion à l'intérieur des organisations d'agriculteurs. Ces relations semblent plus étroites au Québec. Dans les trois provinces concernées, les conseillers agricoles sont bien formés.

Description

Au Canada, l'agriculture est un domaine dont la compétence est partagée conformément à la Constitution du pays. Le cadre d'action général est gouverné par des accords conjoints fédéraux-provinciaux-territoriaux (FPT). Le cadre quinquennal actuel pour l'alimentation et l'agriculture est « Cultivons l'avenir 2 », qui a pris la suite du programme d'action « Cultivons l'avenir » de la période 2003-08 (AAC, 2013). Ces deux cadres d'action soulignent l'importance de l'innovation, de la compétitivité, de l'accès aux marchés, de la durabilité et de l'adaptabilité (pour un examen du rôle des autorités publiques dans la promotion de l'innovation au sein du secteur agroalimentaire canadien, voir OCDE, 2015b).

Ces cadres de la politique agricole comprennent aussi un financement pour le développement des compétences et des connaissances des agriculteurs. Alors que, dans le « Cadre stratégique pour l'agriculture » (2003-08), certains programmes (ou parties de programmes) étaient directement mis en œuvre par le gouvernement fédéral, le cadre « Cultivons l'avenir 2 » a transféré aux provinces et aux territoires l'exécution de ces programmes, assurant ainsi plus de flexibilité et rendant les programmes plus réactifs et adaptables aux besoins réels.

La présente étude de cas examine l'investissement dans les connaissances destiné à soutenir l'adoption de pratiques respectueuses de l'environnement, en analysant le cas particulier du programme canadien « Cultivons l'avenir » (CA) dans trois provinces (Colombie-Britannique, Ontario et Québec). Cette étude vise à contribuer au débat sur l'efficacité relative de la politique de l'offre et de la politique de la demande en ce qui concerne le conseil ou la formation agricoles en rapport avec les mesures agro-environnementales. Une caractéristique essentielle de cette analyse est qu'elle prend en compte le fait que ces services font partie intégrante du SCIA (OCDE, 2012).

L'étude sur le cadre CA a été choisie pour trois raisons. Premièrement, il traite de l'environnement propre au Canada et de ses défis actuels dans le domaine de l'agriculture durable. Deuxièmement, les mesures agro-environnementales, y compris la formation pour les services de conseil, en sont des éléments clés. Troisièmement, le contexte canadien offre une solide base pour discuter de l'évaluation des politiques agro-environnementales. Pour parvenir à la durabilité agricole, beaucoup de régions du Canada ont mis en œuvre des programmes associant la gestion durable des ressources à des mécanismes de suivi – qui peuvent servir d'exemples de l'approche de gestion concertée (Summers et al., 2008 ; Eilers et al., 2010). Enfin, le Canada a mis en œuvre un système précis pour suivre les impacts des mesures agro-environnementales, y compris la formation et le conseil.

On a décidé d'analyser ce programme dans trois provinces, l'Ontario, la Colombie-Britannique et le Québec. Premièrement, l'Ontario attire notre attention parce que c'est dans cette province que le programme des Plans agroenvironnementaux (PAE) a été lancé en 1993 sous la forme d'un projet pilote, à la demande de la communauté agricole, et avec une mesure incitative à la protection de l'environnement (Summers et al., 2008). En fait, le programme des PAE dans l'Ontario a joué un rôle important dans la définition de la politique agricole canadienne et Agriculture et Agroalimentaire Canada (AAC) l'a désigné en 2003 comme une de ses composantes environnementales essentielles (Fitzgibbon et al., 2004). Trente-cinq pour cent des producteurs de l'Ontario avaient établi un PAE en 2006, et 6 autres pour cent avaient un plan en cours d'élaboration (Statistique Canada, 2007). En Ontario, le programme CA, lancé en 2008, est le prolongement des PAE. Ce programme apporte des subventions aux producteurs, transformateurs, organisations et autres acteurs de l'agriculture et de l'agroalimentaire en mettant l'accent sur l'innovation, la compétitivité et le développement des marchés.

Deuxièmement, on s'est intéressé à la Colombie-Britannique parce que le programme des PAE a été lancé dans cette province en 2003, avec la décision de l'AAC de l'adopter comme une composante clé de son cadre d'action environnemental. D'après Statistique Canada (2007), en 2006, 11 % des producteurs de Colombie-Britannique avaient établi un PAE et 9 autres pour cent avaient un plan en cours d'élaboration. Le programme CA en Colombie-Britannique repose sur une conception de la fourniture des services de conseil agricole axée sur la demande, à travers les PAE. Sur demande, les agriculteurs peuvent recevoir un financement pour la mise en œuvre de projets de réduction des risques environnementaux.

Troisièmement, on a aussi retenu le cas du Québec, pour deux raisons. Premièrement, le Québec est la seule province francophone du Canada. Deuxièmement, la conception du soutien aux services de conseil est plus axée sur l'offre, avec le financement de clubs-conseils – infrastructure du SCIA qui existe au Québec depuis 1993, avec des conseillers agricoles au sein de ces clubs qui produisent des plans d'exploitation agro-environnementaux. L'autre raison à la base du choix du Québec est que, d'après Statistique Canada (2007), les producteurs de cette province avaient le plus fort taux d'adoption des PAE au Canada en 2006, 73 % ayant établi un plan et 4 autres pour cent ayant un plan en cours d'élaboration.

Le programme CA du Québec comprend un investissement substantiel visant à soutenir la croissance et à assurer la durabilité et la prospérité de l'agriculture et des industries agroalimentaires de la province. Le soutien apporté aux agriculteurs passe principalement par les clubs-conseils. Ce programme est mis en œuvre par le biais : d'un réseau de clubs-conseils dans le cadre du programme Prime-Vert [1] ; de la Stratégie phytosanitaire québécoise en agriculture (réduction de l'emploi des pesticides et promotion de la gestion intégrée des ennemis des cultures) ; de travaux de recherche ; du transfert de connaissances et de l'écoconditionnalité.

Au total, une comparaison de la mise en œuvre des PAE et du programme CA dans ces trois provinces doit permettre de mettre en perspective ces programmes qui partagent la même orientation et les mêmes objectifs, mais qui ont des axes d'intervention différents et qui peuvent amener les services de conseil agricole à produire des impacts différents. La conception de l'intervention est différente : elle est par exemple plus axée sur la demande en Colombie-Britannique avec un soutien tourné vers les besoins individuels des agriculteurs, alors qu'au Québec elle repose davantage sur un soutien aux structures existantes du SCIA, telles que les clubs-conseils d'agriculteurs.

Dans cette optique, on a élaboré un cadre d'analyse conceptuel simplifié différenciant six axes d'intervention pour évaluer les programmes publics qui apportent un soutien au conseil agricole. La méthodologie employée combine un examen systématique des travaux publiés avec des entretiens et une analyse des documents gouvernementaux. La méthode de collecte directe de données s'est limitée à des entretiens semi-structurés (en face-à-face et par téléphone) conduits en février 2014.

Évaluation

Ce cadre d'analyse repose sur trois articles scientifiques qui décrivent : i) les critères « d'adéquation aux buts » des services de conseil (Prager et al., 2014), ii) un cadre pour la conception et l'analyse de services de conseil agricole diversifiés, visant la « meilleure adéquation » plutôt que les « meilleures pratiques » (Birner et al., 2006) et iii) l'économie des services et les politiques publiques des services de conseil agricole (Laurent et Labarthe, 2011).

Le cadre d'analyse des politiques des services agricoles se conceptualise ainsi en se fondant sur ces articles scientifiques, pour offrir une vue d'ensemble distinguant six axes d'intervention. Deux de ces axes décrivent le contexte dans lequel le programme de conseil agricole est mis en œuvre, à savoir : la stratégie d'élaboration des politiques (le système politique pouvant être fédéral comme au Canada, aux États-Unis ou en Allemagne, ou plus centralisé comme en France) (axe d'intervention 1) et les structures et l'environnement des exploitations agricoles (axe d'intervention 2).

Trois autres axes décrivent les relations mutuelles potentielles entre les différents éléments du système de conseil agricole par : la configuration et les capacités des fournisseurs de services agricoles et d'autres acteurs du SCIA (axe d'intervention 3) ; l'approche globale employée par les conseillers agricoles (services dirigés par l'offre ou par la demande) (axe d'intervention 4) ; et les méthodes employées par les conseillers pour mettre à jour leurs connaissances (axe d'intervention 5). Le dernier axe concerne les procédures d'évaluation en place pour le programme considéré (axe d'intervention 6).

Le tableau 5.1 indique pour chaque intervention si le matériel empirique collecté a permis d'apprécier les effets des services de conseil agricole sur les pratiques agro-environnementales en Ontario, en Colombie-Britannique et au Québec.

Tableau 5.1. Évaluation des critères pour l'appréciation des impacts des services de conseil sur les pratiques agro-environnementales

	Axe d'intervention	Appréciation
1.	La stratégie d'élaboration des politiques	+
2.	Les systèmes de production et les conditions socioéconomiques dans lesquelles opèrent les agriculteurs	+
3.	La configuration et les capacités des fournisseurs de services agricoles et autres acteurs du SCIA	+/-
4.	L'approche globale employée par les conseillers agricoles (orientation par l'offre ou par la demande)	+/-
5.	Les méthodes employées par les conseillers pour mettre à jour leurs connaissances	+/-
6.	Les procédures en place pour apprécier les impacts des services de conseil agricole	-

Note : + indique que l'objectif a été atteint ; - indique que l'objectif n'a pas été atteint ; +/- signifie peu concluant.

Enseignements à tirer et recommandations pour l'action gouvernementale

- Dans un contexte de décentralisation, le degré de soutien aux activités de formation et de conseil visant à faciliter l'adoption des mesures agro-environnementales dépend du cadre des priorités nationales et de l'ordre du jour politique local dans chaque province. Globalement, les exploitations de grande taille participent généralement plus que les petites, ce qui est supposé avoir un plus fort impact au regard des objectifs environnementaux. Cette question fait l'objet d'un débat parmi les chercheurs canadiens.

- L'efficacité avec laquelle ces mesures facilitent la circulation des connaissances à l'intérieur du SCIA dépend encore des relations entre les syndicats d'agriculteurs et les administrations, et du degré de cohésion à l'intérieur des organisations d'agriculteurs. Ces relations semblent plus étroites au Québec, où il existe une puissante organisation d'agriculteurs, qu'en Ontario ou en Colombie-Britannique. Dans ces trois contextes, les industries qui fournissent des intrants aux agriculteurs ont une influence directe et indirecte sur les autres parties prenantes du SCIA.
- Il semble qu'il y ait une évolution vers des conceptions des services de conseil et de formation plus axées sur la demande, où le rôle de l'administration consisterait à garantir la qualité du conseil, à apporter un soutien financier aux demandes de services des agriculteurs et à suivre en continu le système de fourniture et de financement.
- Il existe dans les trois provinces un grand nombre de conseillers agricoles bien formés qui avisent les agriculteurs sur les questions agro-environnementales. Leurs sources de connaissances sont les autorités publiques, les centres de recherche publics, les centres de recherche non gouvernementaux, les sociétés de conseil privées, les entreprises privées, les publications agricoles et les médias sociaux. Toutefois, on manque d'information sur la façon dont ces connaissances sont mises à jour.
- En général, l'évaluation du programme a pour base la satisfaction des participants à son égard et le pourcentage d'adoption des mesures agro-environnementales, mais il n'y a pas d'évaluation de l'impact des services de conseil sur les changements de pratiques ou sur les performances environnementales des exploitations. Ce cas ne fait pas exception et confirme la lacune constatée dans les travaux scientifiques concernant le degré auquel les services de conseil agricole réussissent à intégrer les questions environnementales.

Dans l'interprétation des résultats de cette étude de cas, il faut rester conscient de ses fortes limitations. La profondeur et l'étendue de l'échantillon ne peuvent être considérées comme représentatives. Premièrement, l'étude n'a porté que sur trois provinces. Deuxièmement, les entretiens n'ont été menés qu'avec des experts universitaires. Il est souhaitable que les futures études incluent dans l'échantillon la totalité des agents du SCIA et présentent une analyse approfondie de leurs interactions et influences. On constate aussi actuellement une importante lacune des connaissances dans les travaux scientifiques, s'agissant d'évaluer l'impact de la dimension éducative des mesures agro-environnementales (conseil et formation agricoles), qui nécessiterait de nouvelles recherches.

Les mesures « non contraignantes » en Angleterre et au Pays de Galles

Points clés

- Le SCIA au Royaume-Uni se caractérise par la diversité de ses stratégies (déterminer les types de connaissances agricoles nécessaires et à quelles fins) et de la nature des agents et méthodes déployés pour fournir des services de conseil, d'information et de formation.
- Jusqu'à présent, aucune étude n'a produit d'éléments suffisants sur les coûts et avantages de ces mesures, qui permettraient d'en évaluer complètement la rentabilité.

Les études d'évaluation existantes reposent en grande partie sur des « instantanés », souvent avec un faible nombre de participants aux entretiens et aux enquêtes.

- Des observations qualitatives indiquent que les mesures non contraignantes peuvent être un élément vital pour favoriser la transition vers une agriculture durable. Elles s'avèrent le plus efficaces quand elles s'attachent à promouvoir auprès des agriculteurs un ensemble commun d'approches pratiques.
- Les responsables publics devraient porter une plus grande attention aux obstacles qui empêchent ou dissuadent les agriculteurs de recourir au conseil, à la formation et à l'information offerts par les services privés et publics et ils devraient concevoir des approches ciblées pour surmonter ces obstacles en s'inspirant des pratiques optimales existantes et en étant sensibles au(x) contexte(s) environnant(s).

Description

Cette étude de cas a pour principal objectif de donner des aperçus sur le fonctionnement, les points forts et les points faibles du système de connaissances agricoles en Angleterre et au Pays de Galles, en essayant d'évaluer les mesures « non contraignantes » telles que les mécanismes publics de conseil, de formation et de vulgarisation, visant à favoriser la transition vers une agriculture durable. Ces approches publiques consistent à assurer ou à stimuler l'échange de connaissances et l'acquisition de compétences pour catalyser les changements de pratique, par opposition à celles qui constituent des contrats directs pour soutenir financièrement les changements de pratique à travers des mécanismes comme les engagements agro-environnementaux ou les subventions à l'investissement agricole, ou à celles qui visent à produire un changement en établissant des interdictions, des conditions ou des mesures dissuasives telles que la réglementation de l'emploi de certains produits agrochimiques ou l'application d'écotaxes.

En Angleterre, l'Agricultural Knowledge System (AKS), qui était financé par l'État, a été démantelé à la fin de la décennie 80. L'Agricultural Development and Advisory Service (ADAS, service de développement et de conseil agricoles), financé par l'État, a été en grande partie privatisé et la recherche sur fonds publics a traversé une période de réexamen et de regroupement. Le retrait de l'État de la gestion de la recherche et de la vulgarisation agricoles a entraîné une diversification des sources de ces activités et ouvert de nouvelles possibilités pour le secteur privé.

Les initiatives peut-être les plus connues en Angleterre depuis 2000 se sont centrées sur la pollution agricole diffuse, dans le contexte spécifique des objectifs fixés par la Directive cadre sur l'eau de l'UE, et sur une couverture de « zones vulnérables » élargie dans le cadre de la Directive nitrates de l'UE à la suite de réexamens des politiques, en 2002. La Catchment-Sensitive Farming Demonstration Initiative est un de ces programmes depuis longtemps en place, où des conseillers travaillant dans des bassins hydrologiques prioritaires sont chargés de promouvoir une meilleure compréhension et des normes de bonne pratique dans les exploitations agricoles de ces zones.

En 2013, le Defra a publié un examen des politiques concernant le conseil et les services prestataires, qui a réaffirmé la volonté du gouvernement de ne pas évincer les conseillers du secteur privé, en permettant une libre utilisation de sa documentation et en ne fournissant des services de conseil financés sur fonds publics que dans les cas de défaillance évidente du marché (Defra, 2013). Le Defra a aussi annoncé une réduction de 25 % de ses dépenses consacrées au conseil agricole (en les ramenant à 15 millions GBP par an), essentiellement en mettant l'accent sur la fourniture d'information en ligne. Le ministère souligne l'importance du partenariat avec les entités du secteur privé et du secteur tiers afin d'assurer une diffusion efficace des connaissances dans l'agriculture.

Il s'est fixé pour principe qu'un conseil répondant aux besoins du public soit dispensé de manière flexible par des voies diverses, avec des attentes « réalistes » concernant la participation, des objectifs fondés sur des buts communs et des tâches simples. Le conseil réglementaire reste en dehors du champ de cette approche flexible mais le Defra indique qu'il sera dispensé de manière plus intégrée, souvent par le biais de partenaires dans le secteur. Selon le Defra, cela aura pour l'agriculteur les avantages suivants :

- « Le conseil financé par les pouvoirs publics sera plus largement accessible.
- Davantage de conseil dispensé par des professionnels et par des organisations de confiance qui comprennent la problématique et les préoccupations locales.
- Des messages clairs et précis plus faciles à mettre en œuvre dans l'exploitation.
- L'accès à un meilleur échange local de connaissances et à des réseaux où les agriculteurs mettent en commun leurs idées et s'éclairent sur les meilleures pratiques dans un contexte concret.
- L'agriculteur sera plus autonomisé à travers des initiatives entreprises par le secteur. » (Defra, 2013).

Le Pays de Galles, depuis la décentralisation dans les années 90, a établi sa propre approche à l'égard de l'agriculture et des exploitations agricoles. Avec des exploitations familiales relativement petites et une prédominance de la production animale, la fourniture de nombreux types de conseil et de formation aux agriculteurs est considérée par le gouvernement gallois comme une mission légitime. Bien que l'ADAS ait connu au Pays de Galles le même processus de privatisation qu'en Angleterre, les administrations successives se sont attachées à soutenir les services et initiatives de conseil agricole plus complètement que ce n'est maintenant le cas en Angleterre.

On notera particulièrement, au Pays de Galles, la mise en place et la conduite d'activités de vulgarisation ou d'accompagnement, reposant sur l'élaboration de processus d'apprentissage à travers des groupes d'agriculteurs (Agriscôp), pour un apprentissage collectif visant à améliorer les performances de l'activité agricole (Pearce et Williams, 2010). En outre, des ressources ont été affectées de telle sorte que les agriculteurs adhérant à des dispositifs agro-environnementaux au Pays de Galles suivent obligatoirement une formation de base en gestion environnementale, financée par le biais des politiques de développement rural et de cohésion. Enfin, le gouvernement gallois maintient depuis longtemps le financement de services et/ou méthodes de conseil spécifiques (par exemple, Farming Connect) qui existent maintenant depuis plusieurs décennies, de préférence à l'option adoptée en Angleterre consistant à encourager la concurrence et une large diversification des prestataires.

Évaluation

Comme on l'a vu précédemment, une lacune courante dans la plupart des recherches concernant le conseil, l'information et la formation agricoles tient au fait qu'elles emploient rarement des méthodes quantitatives pour mesurer les impacts, principalement à cause de la complexité que cela comporte avec des problèmes à la fois temporels et conceptuels. Les simples analyses coûts-avantages ne suffisent donc pas pour examiner la rentabilité de ce type de mesure. Au lieu de cela, on considère et on réunit un éventail de données aussi bien quantitatives que qualitatives pour essayer d'évaluer quelques-uns des principaux éléments, et l'ampleur potentielle, des coûts et avantages nets.

Plus précisément, l'analyse repose sur un examen des informations qualitatives provenant de documents et de quelques entretiens concernant les impacts qu'ont ces mesures pour la promotion de l'agriculture durable en Angleterre et au Pays de Galles. Le bilan des évaluations directes tirées des études du Countryside and Community Research Institute (CCRI) a été complété par un examen des travaux aussi bien scientifiques que de la « littérature grise » publiée par les ministères, organismes publics, ONG ou le secteur commercial, sur la problématique générale de l'échange de connaissances et des mécanismes visant à promouvoir l'agriculture durable en Angleterre et au Pays de Galles. En outre, quelques entretiens ont eu lieu avec des informateurs clés pour recueillir leur expérience de la diffusion des connaissances agricoles et de la vulgarisation. En l'associant aux constatations tirées de l'analyse comparative des observations des impacts, on peut porter quelques appréciations générales, mais incertaines, sur l'efficacité relative des mesures non contraignantes visant à encourager l'agriculture durable en Angleterre et au Pays de Galles.

Évaluation comparative

Eu égard aux constatations des différentes évaluations qualitatives, il semble clair que le conseil, la formation et l'information ont été jugés, dans presque tous les cas étudiés, utiles pour aider ou encourager le passage à une agriculture durable. Cet impact se fait sentir au niveau des exploitations agricoles, à l'échelle des territoires locaux et à l'intérieur des chaînes d'approvisionnement alimentaire.

Le financement d'activités de conseil, formation ou information ne génère pas toujours immédiatement des changements sur le terrain dans les exploitations, en termes de pratiques ou de systèmes. Il est particulièrement difficile d'apprécier l'impact net dans le cas où les études ont seulement pour mission d'enregistrer dans quelle mesure un projet ou une initiative a atteint ses objectifs parce que très peu d'entre elles sont tenues à une comparaison contrefactuelle.

Toutefois, un certain nombre d'études se sont attachées à demander aux participants de réfléchir sur le degré d'additionnalité des mesures en question. Quand elle est apparue significative, l'additionnalité s'avère plus forte dans les approches comportant un échange de connaissances dans lequel les agriculteurs participent directement à des processus d'apprentissage aux côtés de personnes possédant d'autres types d'expertise, par opposition à un transfert de connaissances unidirectionnel plus rigide. La clé de cette observation est le fait qu'un processus d'apprentissage, par opposition à une session ponctuelle de formation ou d'information (même à une visite de conseil isolée dans l'exploitation), offre à l'agriculteur beaucoup plus de possibilités d'absorber, tester et recréer les principaux messages intervenant dans le processus d'échange de connaissances, ce qui peut être essentiel pour ce que les psychologues nomment le « traitement par voie centrale » des informations nouvelles, qui augmente leur probabilité d'impact direct dans la pratique.

La méconnaissance de cette problématique de l'apprentissage dans l'évaluation des mesures ou programmes apparaît comme un des principaux obstacles à une appréciation robuste de la rentabilité des dispositifs de conseil, formation et vulgarisation. Dans la majorité des cas, on ne collecte tout simplement pas les données appropriées et cela peut être lié à l'absence de demande de ce genre d'information de la part des commanditaires dans les ministères et autres organismes publics.

S'agissant de la qualité de la base d'observations représentée ici, il est clair qu'il existe d'importantes lacunes. Certaines sont dues au fait que la plupart des évaluations ont porté sur des initiatives ou projets particuliers à durée de vie relativement courte. Il en résulte une tendance des études à procéder à une recherche qualitative pour recueillir des aperçus sur le changement d'attitude ou de comportement rapporté par l'agriculteur ou par le conseiller, ou à essayer de mesurer des indicateurs substitutifs de l'impact. Le fait que les recherches existantes soient associées à un projet tend à les focaliser sur les mesures jugées les plus pertinentes pour l'intervention en question (c'est-à-dire les buts et cibles du projet), au lieu de donner une possibilité de considérer des résultats plus généraux ou des impacts plus fondamentaux (Reed et Courtney, 2013). Comme le montre la discussion ci-dessous, il existe souvent un écart entre les impacts souhaités de mesures non contraignantes (par exemple, un meilleur habitat) et ce qui apparaît comme les résultats réels de ces approches (par exemple, une confiance accrue pour agir et apprendre, ou le renforcement de réseaux sociaux). Il paraît donc très probable que, même quand des mesures non contraignantes ont fait l'objet d'une évaluation, seule une partie de leur impact a été appréhendée.

Efficacité-coût

Au niveau macroéconomique, d'après les données de l'Agricultural Industries Confederation, les industries fournisseuses d'intrants agricoles au Royaume-Uni, avec un chiffre d'affaires évalué à 6.5 milliards GBP, dépensent approximativement 200 millions GBP par an en conseillers et en représentants, et investissent simultanément environ 40 millions GBP en R-D proche du marché. Elles font état de « risques pouvant atteindre 1 000 GBP par hectare dépendant de ce que les agriculteurs aient l'information agronomique correcte » (c'est-à-dire, la valeur de la production perdue si les intrants sont mal ou insuffisamment utilisés), soulignant l'importance d'un conseil professionnel éclairé par la recherche (Gibbs, 2013). Toutefois, les mêmes sources ne sont pas capables de fournir des données solides sur l'impact du conseil fourni, bien qu'il semble que l'industrie elle-même juge que les avantages de cet investissement ne sont pas à la hauteur de ses coûts, en avançant des chiffres de ce genre comme justification.

À l'autre extrême de l'échelle d'intervention, l'évaluation par le CCRI de l'initiative de réseautage à but non lucratif intitulée Linking Environment and Farming (LEAF), qui avait un nombre très limité de participants, conclut à des avantages considérables découlant des activités de conseil, d'information et de réseautage, chez les agriculteurs interrogés dans un échantillon illustratif de 10 exploitations. Parmi les avantages signalés, figurent des économies sur l'emploi d'engrais comprises entre 2 500 et 10 000 GBP par exploitation et par an, et les éleveurs indiquent des économies de coûts d'environ 10 % dues à l'amélioration de la santé animale. D'autres rapportent que leur participation à LEAF a accéléré l'adoption de systèmes de production intégrée dans leur exploitation, leur permettant ainsi de réaliser des économies sur les coûts des intrants plus rapidement que cela n'aurait été le cas autrement. Pour une des exploitations, on mentionnait des économies de 4 000 GBP par an (Mills et al., 2010). Le plus grand obstacle à toute appréciation solide de la rentabilité des mesures « non contraignantes » est sans aucun doute la méconnaissance de cette question dans le processus d'évaluation des dispositifs ou programmes. Dans la majorité des cas, on ne collecte tout simplement pas les données appropriées sur les coûts, les réalisations et les résultats (que ce soient des changements dans la perception, la compréhension ou l'intention d'agir, ou des changements de pratique réels). Cela peut être lié à l'absence de demande de ce genre d'information de la part des commanditaires dans les ministères et autres organismes publics. L'exemple des travaux en cours pour l'évaluation de l'Agriscôp montre que ce type d'appréciation doit bien être possible.

Enseignements à tirer et recommandations pour l'action gouvernementale

D'après l'examen des études existantes, l'action gouvernementale et les initiatives du secteur privé favorisant l'application de mesures non contraignantes en Angleterre et au Pays de Galles offrent de bonnes preuves que ces dispositifs peuvent être un élément crucial pour le passage à une agriculture durable, et les pouvoirs publics ont clairement un rôle à jouer dans ces approches, justifié pour large part par des arguments d'imperfection du marché concernant les petites entreprises (par exemple, information incomplète) autant que par la défaillance du marché à l'égard des biens publics.

En résumé, l'appréciation qualitative montre les façons nombreuses et variées dont le conseil, la formation et l'information sont utilisés pour promouvoir cet objectif, à l'intérieur du secteur public, du secteur privé et du secteur tiers. Elle indique aussi que (dans une certaine mesure) les divers impacts de ces outils ont été reconnus et documentés, même s'il reste difficile de donner une évaluation ou une quantification raisonnable des impacts comme il en faudrait dans l'idéal pour mesurer et comparer de manière cohérente la valeur de ces dispositifs.

Toutefois, il apparaît aussi clairement qu'aucune étude jusqu'à présent n'a fourni d'informations suffisantes sur les coûts et avantages de ces dispositifs de manière à en évaluer pleinement la rentabilité. Cela serait nécessaire pour permettre un certain degré d'étalonnage ou la comparaison avec la rentabilité d'autres approches comme les paiements agro-environnementaux ou les « Paiements pour services écosystémiques », ou le financement d'investissements pour faciliter des pratiques plus durables.

Néanmoins, les constatations relevées et analysées dans la présente étude de cas permettent de rassembler quelques conclusions et un ensemble de messages communs aux études d'évaluation, sur la meilleure façon de concevoir et d'appliquer des mesures « non contraignantes ». Le tableau 5.2 ci-dessous résume ces constatations.

Le corpus des études d'évaluation conduites jusqu'à présent, qui consistent en grande partie en des « instantanés », souvent avec un faible nombre de participants aux entretiens et aux enquêtes, apporte peu d'éléments d'information. Ce type d'études d'évaluation, « approfondies mais étroites », s'est toutefois avéré utile pour aider les responsables sectoriels ou publics à comprendre les liens causals entre les mesures non contraignantes et leurs impacts, encourager la participation et communiquer efficacement avec les agriculteurs.

Comme le suggèrent l'examen général du Defra (2013), ainsi que les chiffres fournis par l'Association of Independent Crop Consultants (AICC) dans son rapport, il semble clair que les conseillers professionnels opérant dans la sphère commerciale peuvent jouer un rôle clé dans l'amélioration des activités des exploitations agricoles en fournissant un conseil qui maximise leurs performances de marché. La création récente d'un registre des conseillers en alimentation animale[2] par l'AICC tend à accentuer dans le secteur de l'élevage l'investissement consacré par l'industrie à la formation et au développement professionnel continu et aux normes professionnelles, contribuant à compenser ce qui était jusqu'à présent une assistance beaucoup forte aux cultivateurs. Ainsi, la tactique consistant à élargir le champ du conseil professionnel aux questions de durabilité, comme l'indiquent l'industrie des intrants et le Defra, pourrait être utile aux responsables publics.

Toutefois, les questions de confidentialité commerciale limitent actuellement les possibilités d'une poursuite efficace des objectifs publics par le biais des protocoles des fabricants de produits alimentaires ou des distributeurs (MacDonald et al., 2006) et il reste que le caractère incomplet de la pénétration du conseil commercial dans le secteur, noté précédemment, restreint sa capacité de concourir aux objectifs publics de l'agriculture durable.

Il ressort des faits examinés dans l'étude de cas (voir Dwyer et Reed, 2015) qu'une amélioration de la formation et du conseil qui accompagnent les dispositifs agro-environnementaux pourrait entraîner un progrès notable des résultats environnementaux – conclusion que l'on retrouve dans l'examen intitulé *Making environmental schemes more effective*, conduit par les organes du Defra ces dernières années (Natural England, 2014). La formation pour renforcer la confiance à l'égard d'activités spécifiques contribue à traiter des questions plus générales de participation aux dispositifs et initiatives, même concernant ceux qui ont été originellement conçus pour être largement adoptés sans un soutien de conseil spécialisé.

Tableau 5.2. Résumé des bonnes pratiques de conception et d'application des mesures non contraignantes

Au niveau de l'exploitation agricole	Au niveau de la communauté locale	Au niveau des projets
Les conseillers doivent être locaux, experts et associés à une institution solide et reconnue.	L'agriculture est liée à la communauté locale ; les initiatives qui explorent et mettent en lumière ces liens promeuvent cet atout	Il faut prendre conscience que les incitations ne deviennent durables que quand elles sont associées à l'apprentissage
Le conseil en matière de durabilité doit rester axé sur la rentabilité de l'exploitation agricole.	La facilitation des compétences est au cœur de la réussite des projets : renforcer les capacités, la confiance et l'aptitude réflexive des agriculteurs.	Il est particulièrement utile de comprendre les besoins des collectivités locales en faisant participer la population
La rentabilité de l'exploitation est une clé de la discussion sur la poursuite de l'activité agricole – le but primordial de beaucoup d'exploitations familiales.	On peut parvenir à des changements positifs de l'auto-identité des agriculteurs dans des contextes de développement communautaires qui engendrent la confiance et amènent les agriculteurs à penser qu'ils peuvent agir pour réellement changer les choses.	Il faut bâtir des réponses aux défis environnementaux à partir de solutions localement appropriées et ancrées
Les solutions doivent être produites avec (et non pour) les agriculteurs.	De même pour la communauté locale – sa participation agrandit le champ des solutions possibles	Une communication claire et sans ambiguïté est essentielle pour lutter contre les rumeurs
La résolution de problème soit s'appuyer sur les propres connaissances des agriculteurs et montrer les voies à emprunter pour les utiliser et les améliorer.	Les connaissances des autres membres de la communauté peuvent mettre en lumière de nouveaux liens potentiels entre l'activité économique et l'environnement dans l'exploitation agricole	Conduire un suivi durant le processus pour appréhender l'avancée et réagir au cours du programme.
Le conseil dispensé par une petite équipe clé suscite la confiance	La facilitation par des experts peut être essentielle pour établir des liens effectifs entre la prise de décision de l'exploitation agricole et les buts communautaires	L'intégration spatiale des multiples buts des organismes publics est essentielle – à l'heure actuelle, beaucoup d'organismes poursuivent des actions différentes sur les mêmes territoires, engendrant une confusion au niveau des exploitations agricoles

On pourrait recueillir des gains notables d'une plus grande adoption et d'une utilisation plus efficace des technologies existantes pour l'agriculture durable, en incluant un plus grand nombre d'agriculteurs dans les groupes d'entraide ou dans les dispositifs de conseil et de formation financés par le gouvernement déjà établis dans des contextes variés. Cela contribuerait à accroître le profit tiré de ces technologies.

La focalisation des études d'évaluation sur la participation des agriculteurs a peut-être eu tendance à occulter l'importance d'un contexte plus général – à savoir, l'image de soi de l'agriculteur en tant que membre de sa communauté locale, le sentiment d'efficacité personnelle (le sentiment d'être capable d'influer réellement sur l'environnement par ses propres actions) et la facilité d'accès à des informations pertinentes et directement applicables, dans ces initiatives – en vue d'accomplir un changement positif. Il ressort des faits examinés que les initiatives qui permettent un apprentissage continu, avec des discussions de groupe et des mécanismes de soutien mutuel peuvent être plus efficaces que le transfert de connaissances classique, unidirectionnel et individuel.

Le caractère limité des éléments fournis par les recherches existantes indique que l'on n'a pas encore une compréhension complète de l'efficacité des différentes formes de formation, de conseil et de vulgarisation. Les décisions d'investissement publiques et privées dans ce domaine s'appuient ainsi sur une mince base de faits, ce qui laisse penser qu'on n'en tire peut-être pas un profit optimal.

L'Angleterre et le Pays de Galles ont des approches contrastées concernant la manière dont le conseil et la formation sont dispensés aux agriculteurs par la politique publique. Alors qu'au Pays de Galles, la prestation financée par les fonds publics est incontestablement plus coordonnée à travers un fournisseur majeur, ces services sont assurés en Angleterre par le biais d'un ensemble de contrats distincts pour différents types d'objectifs environnementaux et/ou différents instruments de politique agricole. Nonobstant ces différences, on peut conclure que les mesures non contraignantes apparaissent le plus efficaces quand elles s'attachent à promouvoir auprès des agriculteurs un ensemble commun d'approches pratiques, tirées d'éclairages environnementaux spécifiques et exposées parallèlement à ces derniers, qui soient proches des motivations économiques des agriculteurs mais capables d'aller au-delà de leurs préoccupations et perspectives immédiates, et qui se fondent à la fois sur une expertise environnementale et sur une compréhension de la communauté locale. Ces caractéristiques permettent aux agriculteurs d'avoir conscience des buts environnementaux poursuivis et de l'efficacité de cette action, d'appliquer cette information à leur situation individuelle, de recevoir un soutien dans les changements bénéfiques à l'environnement qu'ils accomplissent dans ce contexte, et de réfléchir et tirer des enseignements du résultat de ces changements d'une manière qui les encourage à de nouvelles actions en faveur de l'environnement.

La réalisation d'améliorations environnementales tend à s'accorder sur le dénominateur commun d'une rentabilité accrue en économisant les ressources ou sur des aménagements de coût faible ou nul, ce qui, bien qu'en soi important, est insuffisant pour répondre à la demande sociétale. Néanmoins, les groupes d'agriculteurs coordonnés les plus dynamiques et les partenariats intégrés locaux semblent s'attaquer à des défis plus ambitieux pour l'avenir (comme la gestion des sols ou l'adaptation et l'atténuation relatives au changement climatique) avec une contribution positive du gouvernement et d'autres parties prenantes environnementales, ce qui devrait leur permettre d'espérer un impact significatif et durable.

Les responsables publics devraient porter une plus grande attention aux obstacles qui empêchent ou dissuadent les agriculteurs de recourir au conseil, à la formation et à l'information offerts par les services privés et publics et ils devraient concevoir des approches ciblées qui permettent de surmonter ces obstacles en s'inspirant des pratiques optimales existantes et en étant sensibles au(x) contexte(s) environnant(s). En particulier, il est souhaitable que les politiques et approches utilisant des mesures non contraignantes adoptent des méthodes de dispensation interactives et de « communauté d'apprentissage », à ancrage social, qui s'avèrent avoir des impacts plus persistants que les méthodes unidirectionnelles ou impersonnelles plus rigides.

Les services de conseil agricole en Grèce

Points clés

- Bien que les responsables publics reconnaissent l'importance des services de conseil, de formation et de vulgarisation destinés aux agriculteurs pour renforcer la compétitivité de ce secteur et préserver la qualité des ressources dans les zones rurales, les agriculteurs grecs n'adhèrent pas aux actions de formation professionnelle et d'information visant la protection de l'environnement.

- Les critères d'admissibilité pour bénéficier des services de conseil agricoles semblent défavoriser l'agriculture à petite échelle et à forte valeur ajoutée au profit d'exploitations de taille plus importante dans le secteur des grandes cultures. Un très petit nombre d'agriculteurs bénéficient du Système de conseil agricole (SCA) (0.3 % des agriculteurs qui reçoivent des paiements directs).

- Une appréciation qualitative des performances économiques du SCA met en lumière des résultats négatifs, du fait d'une adhésion limitée (du côté des avantages) par comparaison avec des coûts de mise en place et de fonctionnement relativement élevés, même si le coût global paraît modeste en termes absolus. Ce manque de rentabilité est aggravé par une offre de conseil principalement de type individuel, qui est relativement coûteuse. Globalement, les avantages sont négligeables en regard de coûts disproportionnés.
- Il est nécessaire d'introduire plus de flexibilité dans ce système, de manière à offrir aux agriculteurs des avis spécifiques et ciblés. En outre, le conseil agro-environnemental devrait être intégré au conseil relatif à la productivité, aux questions économiques et à la durabilité. Par ailleurs, le suivi se borne actuellement à observer l'adhésion aux services de conseil et il conviendrait de créer un système de suivi et d'évaluation plus complet pour ces activités.

Description

Le Plan stratégique national de développement rural (PSNDR) 2007-13 souligne l'importance des services de conseil, de formation et de vulgarisation à l'intention des agriculteurs en vue de renforcer la compétitivité du secteur agricole et de préserver la qualité des ressources dans les zones rurales (Ministère du Développement rural et de l'Alimentation, 2012). Malgré cette reconnaissance, le conseil et la formation professionnelle agricoles sont peu intensément dispensés en Grèce. La documentation statistique indique que les agriculteurs grecs n'adhèrent pas aux actions de formation professionnelle et d'information visant la protection de l'environnement.

D'après les données d'enquête sur la structure des exploitations agricoles, 97 % des chefs d'exploitation ne possèdent qu'une expérience pratique (pourcentage le plus élevé de UE27, avec la Roumanie et la Bulgarie) ; ils représentent 91 % (45 % pour l'UE28) du total de la Superficie agricole utilisée (SAU) (graphique 5.1). Alors qu'au niveau de l'UE28, 6 % des agriculteurs, en moyenne, ont suivi une forme ou une autre de formation professionnelle au cours des 12 mois précédents, le pourcentage n'est que de 0.6 % en Grèce (graphique 5.2). Les exploitations dont le chef a une formation agricole de base représentent 8 % de la SAU totale (27 % pour l'UE28) et il reste seulement 1 % (29% pour l'UE28) de la SAU totale pour les exploitations dont le chef a une formation agricole complète. Moins de 2 500 chefs d'exploitation sur un total de plus de 700 000 ont une formation agricole complète.

Conformément à la réforme de la PAC de 2003, un Système de conseil agricole (SCA) a été établi en Grèce en 2007. Il a été considéré et organisé en relation avec le PSNDR pour la période 2007-13 avec le seul but de se conformer aux exigences de conditionnalité – il a été conçu pour être indépendant de l'ancien système de vulgarisation, qui est devenu pratiquement obsolète. La fourniture des services de conseil a été assignée aux conseillers privés, tandis que l'État gardait la fonction de régulation.

Il a été décidé, entre autres, que : les agriculteurs pourraient recevoir les services du conseiller de leur choix ; une aide financière pour l'utilisation des services de conseil pouvait être apportée à concurrence de 80 % du coût admissible par service, avec un montant d'aide total maximum de 1 500 EUR par agriculteur ; seules les dépenses supérieures à 250 EUR par catégorie de conseil étaient admissibles à l'aide financière ; la priorité devait être accordée aux agriculteurs recevant plus de 15 000 EUR de paiements directs par an, aux exploitations couvertes par Natura 2000 et aux zones sensibles pour les nitrates (c'est-à-dire, les zones plantées de coton et de tabac) ; et la délivrance de services de conseil de type individuel dans l'exploitation a été jugée l'approche la plus appropriée. Le SCA en Grèce a été en partie financé par le Fonds européen agricole pour le développement rural (Feader) et les agriculteurs étaient tenus de payer une part de 20 % du coût des services de conseil qu'ils recevaient.

Graphique 5.1. Formation des chefs d'exploitation par type de formation dans quelques pays de l'OCDE, 2010

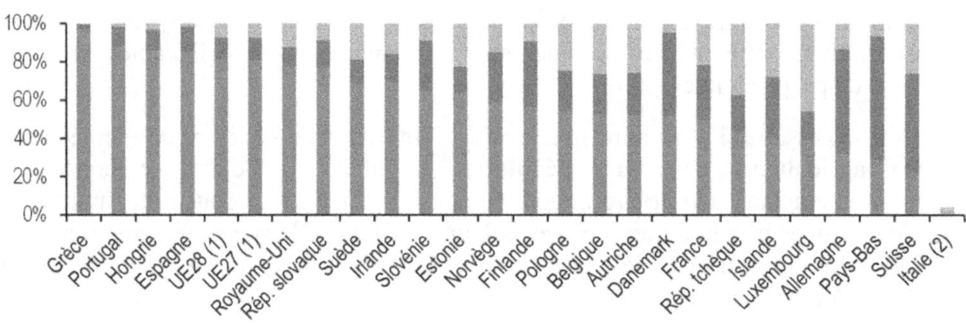

1. Italie exclue.

2. L'Italie applique des définitions différentes pour les niveaux « Expérience pratique seulement » et « Formation de base ». Pour ces catégories, les données italiennes ne sont donc pas comparables à celles des autres pays et, pour cette raison, on ne les a pas présentées.

Source : Eurostat (2013), Agri-environmental indicators – Farmers' training level and use of environmental farm advisory services, epp.eurostat.ec.europa.eu/statistics_explained/index.php/Agri-environmental_indicator_-_farmers%E2%80%99_training_and_environmental_farm_advisory_services.

Graphique 5.2. Pourcentage des chefs d'exploitation ayant suivi une formation professionnelle au cours des 12 mois précédents dans quelques pays de l'OCDE, 2010

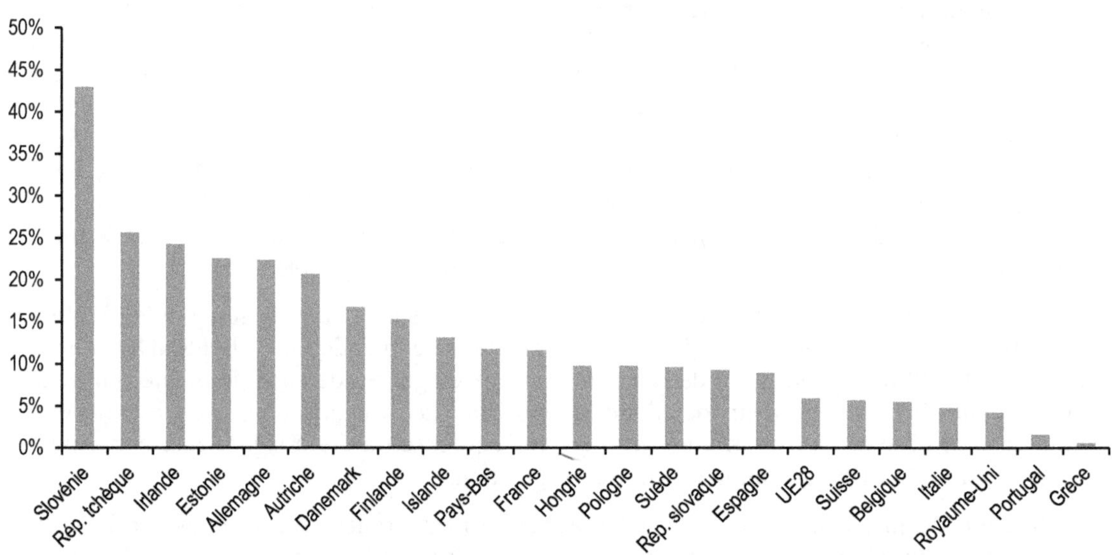

Source : Eurostat (2013), Agri-environmental indicators – Farmers' training level and use of environmental farm advisory services, epp.eurostat.ec.europa.eu/statistics_explained/index.php/Agri-environmental_indicator_-_farmers%E2%80%99_training_and_environmental_farm_advisory_services.

L'objectif national initial était de servir 25 000 agriculteurs et 5 000 forestiers en mettant en œuvre la mesure 114 (utilisation des services de conseil) de l'axe Améliorer la compétitivité des secteurs agricole et forestier dans le PSNDR. Cet objectif trop optimiste fut ensuite abaissé à 3 859 agriculteurs et aucun forestier – et l'appel d'offres, à la fin de l'année 2008, aboutit à l'acceptation de 3 882 demandes, soit quelques agriculteurs de plus que prévu. Beaucoup d'agriculteurs dont la demande avait été acceptée n'ayant pas donné suite, la liste finale s'est réduite à seulement 2 148 participants.

Le processus d'agrément dura jusqu'en mai 2011, aboutissant à la nomination de 31 organismes opérateurs et de 1 055 conseillers agricoles. Le ratio est de 1 conseiller pour 862 exploitations agricoles recevant des paiements directs (soit 909 230 exploitations). Pour celles qui reçoivent plus de 10 000 EUR par an (130 950 exploitations), il existe 1 conseiller pour 124 exploitations. Le nombre d'exploitations pour un conseiller (quel que soit le temps que celui-ci consacre au SCA par rapport à ses autres tâches) est plus du double de la moyenne de l'UE (ADE, 2009).

Évaluation

Le SCA opérant en Grèce peut être qualifié d'inefficace, en premier lieu à cause de la participation quasi nulle à ce système, eu égard au nombre relativement important d'agriculteurs qui reçoivent des paiements directs. En particulier, moins de 0.3 % du total des agriculteurs qui reçoivent des paiements directs (soit environ 2 200 agriculteurs) dépassent le seuil de 15 000 EUR de paiements par an. Ce pourcentage d'adhésion très bas est à comparer à la moyenne de 4-5 % pour l'UE27. Cette participation très limitée aux services de conseil fait obstacle aux effets positifs indirects qui résulteraient d'une utilisation plus efficiente des ressources naturelles. On ne peut pas, malheureusement, évaluer facilement la qualité des services de conseil, faute de sources disponibles.

Les 2 000 exploitations à qui on a offert l'accès à ces services sont en général de grandes fermes commerciales spécialisées dans la production de produits de base particuliers. En outre, il n'y a pas de données probantes montrant un degré d'interaction significatif entre les ménages agricoles et les services de conseil, si l'on se fonde sur l'étendue de l'adoption, par les agriculteurs, du comportement innovateur souhaité. Il est loin d'être certain que même les rares bénéficiaires aient adopté comme il convient les modifications requises pour assurer la durabilité environnementale.

La très faible demande à l'égard de ces services est un facteur très limitant. Les possibilités que le système de conseil agricole au niveau de l'UE est susceptible d'offrir aujourd'hui sont sous-utilisées en Grèce, étant donné que les agriculteurs, dans les circonstances actuelles, sont très peu enclins à y participer. L'approche conçue et promue par les autorités, notamment en ce qui concerne les critères de sélection et les obligations imposées aux agriculteurs, ne les a pas attirés. Les critères de sélection et leur pondération montrent que l'agriculture à petite échelle et à forte valeur ajoutée a été défavorisée au profit d'exploitations de taille plus importante spécialisées dans les grandes cultures.

D'après une étude empirique visant à apprécier l'attitude des agriculteurs à l'égard des programmes d'éducation et de formation, conduite en Grèce du Nord, les agriculteurs âgés et peu instruits ont une attitude négative à l'égard de l'éducation et de la formation agricoles (Charatsari et al., 2011). D'un autre côté, les producteurs instruits et plus jeunes paraissent disposés à dépenser de l'argent et à consacrer du temps pour participer à des programmes de formation agricole, en fonction de la motivation, de la compétence et de l'efficacité des formateurs, du contenu des programmes et des techniques de délivrance des services. Ils semblent avoir une préférence pour les modules de formation et de conseil portant sur les pratiques agricoles durables, ainsi que sur l'application adéquate des mesures agro-environnementales.

Une autre étude empirique réalisée dans la région de Thessalie, dans le centre de la Grèce, visant à déterminer les besoins de formation agricole des éleveurs, a révélé que les besoins de formation ressentis par ces agriculteurs dépendaient de leur âge, de leur niveau d'instruction et de la taille de l'exploitation. Les éleveurs interrogés montraient peu de confiance à l'égard des conseillers agricoles. Ils considéraient que ces programmes n'étaient pas adaptés à leurs besoins spécifiques. En général, ils s'avéraient peu disposés à participer aux programmes d'éducation et de formation (Lioutas et al., 2010).

Les méthodes de contrôle, de suivi et d'imposition de pénalités sont uniformes parmi tous les États membres de l'UE. Cependant, la sensibilisation, les connaissances, le respect des obligations et l'attitude générale des agriculteurs varient à travers toute l'UE (Diakosavvas, 2011). Beaucoup d'États membres se heurtent à des difficultés de mise en œuvre, comme l'indiquent les pénalités imposées. Parmi eux, la Grèce doit relever le défi de fournir un conseil efficace. Les agriculteurs sont plus enclins à se conformer aux obligations s'ils acquièrent à ce sujet une connaissance et une compréhension suffisantes (Alliance Environment, 2007). C'est ce qui manque aux agriculteurs dans le cas présent et cela constitue une preuve de l'inefficacité de l'action gouvernementale pour une agriculture durable.

Aucune évaluation officielle n'a été réalisée jusqu'à présent sur l'efficacité du système au regard de l'objectif de sensibiliser les agriculteurs à l'impact que certaines pratiques agricoles ont sur l'environnement. Eu égard à la nature des services de conseil offerts, on peut seulement supposer que les bénéficiaires ont reçu une assistance efficace pour se conformer aux obligations de conditionnalité. Cependant, on peut douter que le SCA ait contribué à améliorer la perception des agriculteurs à l'égard de l'aspect agro-environnemental des politiques de l'agriculture et des zones rurales. On ne peut guère espérer que ce système, dans son état actuel, puisse devenir plus efficace en Grèce, du fait qu'il est inadapté aux besoins d'un pourcentage substantiel de la très nombreuse communauté agricole.

Enseignements à tirer et recommandations pour l'action gouvernementale

Il est essentiel de faire en sorte que tous les agriculteurs dans le pays bénéficient d'un accès égal à des services de conseil adéquats

Faire en sorte que toutes les catégories d'agriculteurs dans le pays bénéficient d'un *accès égal* à des services de conseil adéquats est une question importante. Des activités de promotion efficaces devraient être menées pour fournir aux agriculteurs une information détaillée sur le SCA et sur les avantages qu'il peut apporter. En Grèce, les petites fermes, malgré leur contribution modeste à la production agricole en termes de volume, représentent une part importante de la population des exploitations familiales et surtout elles jouent un rôle important d'un point de vue agro-environnemental, en termes d'utilisation des terres (ADE et al., 2009 ; CE, 2010b). Par ailleurs, dans une situation de crise économique, les petites exploitations agricoles peuvent aider à maintenir l'emploi et le revenu, contribuant ainsi à la viabilité de l'agriculture, du développement rural et, potentiellement, de l'environnement.

Les campagnes d'information doivent aussi s'adresser aux petits agriculteurs, qui ont besoin d'être convaincus de l'intérêt de se conformer aux exigences de conditionnalité et de durabilité.

Le conseil doit être adapté sur mesure aux caractéristiques et aux préférences individuelles des agriculteurs

L'adaptation du conseil agro-environnemental aux besoins des petites exploitations favoriserait l'adhésion. Pour dispenser le conseil agro-environnemental de manière efficace et efficiente, il faut prendre en compte les différences des caractéristiques et préférences individuelles des agriculteurs. En introduisant une plus grande flexibilité dans le système, et en offrant ainsi aux agriculteurs un conseil spécifique et ciblé plus fréquent et répondant aux besoins réels sans dépasser les limites budgétaires initiales, on rendrait le dispositif intrinsèquement plus efficient et efficace. La demande des producteurs doit être bien définie, afin de cibler précisément le conseil. L'offre d'un conseil bien adapté suppose de spécifier clairement les besoins spécifiques des agriculteurs.

En raison du faible niveau d'éducation et de formation des agriculteurs habitués à des pratiques de production conventionnelles, l'agriculture grecque a besoin d'un système de délivrance des connaissances apte à aider une nouvelle génération à trouver un modèle de production qui soit viable en termes économiques, environnementaux et sociaux.

Le mode de conseil individuel est le plus adapté pour répondre aux préoccupations particulières des exploitations participantes. Si l'on élimine les obstacles à l'adhésion, tels que la limitation du nombre des agriculteurs admissibles à accéder au conseil et si l'on augmente significativement la participation, une option efficiente à envisager réside dans le conseil ciblé (thématique) par petit groupe dans une exploitation (conseil collectif sur place) qui s'adresse à des exploitations agricoles présentant des caractéristiques similaires (CE, 2010a). Le modèle du groupe de discussion adopté en Irlande, qui est partie intégrante de l'Advisory Business Plan et constitue aussi une activité clé pour le transfert des technologies vertes dans l'agriculture, peut être approprié pour mobiliser les agriculteurs et accroître leur participation (O'Loughlin, 2012).

Nécessité de créer un système de suivi et d'évaluation plus complet pour les activités du SCA

Le suivi se limite actuellement à l'observation de la participation. Il est nécessaire de créer un système national permettant de suivre et d'évaluer les activités du SCA de manière approfondie. Pour accroître l'efficacité et l'efficience, il faut concevoir un système de suivi et d'évaluation visant à apprécier l'impact du SCIA grec sur les objectifs de la politique agricole nationale afin d'assurer une certaine rétroaction sur le système en place. L'échec de la mise en œuvre du SCA en Grèce peut constituer une motivation pour les autorités pour réexaminer et remodeler dans sa totalité le Système de connaissances et d'innovation agricoles (SCIA) national. À cette fin, des données agrégées sur les résultats de suivi et de contrôle seraient utiles pour adapter le système et former les conseillers.

Améliorer la perception des agriculteurs à l'égard du SCA en reliant les objectifs de durabilité au renforcement de la productivité

La faible adhésion aux services de conseil agricole génère deux problèmes : i) il n'est pas facile de faire respecter les exigences de conditionnalité ; et ii) les agriculteurs sont circonspects et réservés à l'égard de la conditionnalité car il semble qu'ils associent la fourniture de conseil à l'inspection, au contrôle et aux sanctions. Cela réduit ainsi la confiance des agriculteurs à l'égard des conseillers et du SCA. Il faut convaincre les agriculteurs que l'adhésion aux exigences de la conditionnalité est importante non seulement dans la perspective de la durabilité mais aussi pour améliorer la productivité et la compétitivité de leurs exploitations.

Il faut intégrer le conseil agro-environnemental au conseil concernant la productivité, les questions économiques, le changement climatique, les marchés et la durabilité

Bien que les exigences de la conditionnalité recoupent les pratiques qui atténuent les effets de l'agriculture sur le climat, la promotion de la croissance verte serait mieux servie si l'on incorporait explicitement dans la délivrance du conseil agricole les actions qui visent distinctement le changement climatique. Un des moyens d'accroître la demande de services de conseil des agriculteurs pourrait être d'élargir le spectre des services offert par le SCA national en intégrant le conseil agro-environnemental au conseil concernant le changement climatique, la mise en œuvre des mesures de développement rural, la conception de plans d'entreprise, les nouvelles technologies, les marchés et la problématique de la durabilité. Un domaine de conseil beaucoup plus large, au-delà de la conditionnalité, susciterait l'intérêt des agriculteurs, apaiserait leur suspicion et les encouragerait à s'adapter et à appliquer les mesures agro-environnementales.

Les services de conseil, au-delà des compétences techniques et des pratiques de production, devraient s'étendre à l'utilisation rationnelle et durable des ressources, au marketing, à la planification financière et au plan d'entreprise. Le nouveau *Partenariat européen pour l'innovation* (PEI) peut être un outil pour promouvoir une agriculture compétitive et durable en harmonie avec l'environnement. Un conseil dispensé conjointement, résultant d'un travail de partenariat entre les parties prenantes, peut présenter un plus grand attrait pour les agriculteurs grecs.

Le Sustainable Farming Fund de Nouvelle-Zélande

Points clés

- Le SFF (Fonds pour l'agriculture durable), qui contribue au financement de projets de recherche d'initiative locale, est une des principales sources de financement de l'innovation et de la recherche agro-environnementales en Nouvelle-Zélande.
- Il n'existe pas de quantification de l'impact global du SFF. La grande diversité des projets financés et l'absence de métrique exhaustive des résultats, à quoi s'ajoutent des difficultés méthodologiques, empêchent une évaluation rigoureuse des effets globaux du SFF.
- Les évaluations et appréciations du SFF sont fondées sur une combinaison de méthodes, notamment économiques, des critères multiples (environnementaux, sociaux et économiques) et des sources de données multiples (enquêtes, études de cas, données de projet, évaluations précédentes et groupes-cibles comparant le SFF aux autres fonds, par exemple).
- Les évaluations successives du SFF indiquent que le SFF est rentable et a réussi à générer un éventail varié de projets de recherche menés par les agriculteurs.
- Un défi à relever à l'avenir pour le SFF sera d'élaborer de nouveaux mécanismes et processus pour la vulgarisation consécutive aux projets afin de maximiser les effets bénéfiques potentiels de son portefeuille de projets en encourageant l'adoption et la poursuite de l'innovation.

Description

Le Sustainable Farming Fund (SFF), créé en 2000, finance des projets de recherche à l'initiative de communautés locales tendant à générer des effets économiques, environnementaux et sociaux bénéfiques aux industries primaires et aux collectivités rurales de Nouvelle-Zélande. Le SFF, qui est une des principales sources de financement de l'innovation et de la recherche agro-environnementales dans le pays, est administré par le ministère des Industries primaires.

Les projets SFF ont pour principe la collaboration et les groupes d'agriculteurs[3] ont la maîtrise du projet de la conception à l'adoption. Une des principales forces du SFF est que chaque projet doit avoir une « communauté d'intérêt » bien identifiée, c'est-à-dire un groupe de personnes issues de différents milieux ou organisations qui se réunissent pour résoudre un problème commun. Cette « communauté d'intérêt » opère habituellement avec le soutien d'une organisation d'agriculteurs, d'une agroentreprise, d'un chercheur ou d'un consultant. L'approche consistant à réunir des agriculteurs, des scientifiques, des conseils régionaux et d'autres parties prenantes s'est avérée très efficace pour l'échange de l'information entre les experts et les agriculteurs (Nimmo-Bell, 2009).

Ce fonds, originellement limité aux activités menées à terre, a été étendu à l'aquaculture en 2011. Depuis 2012/13, une session de financement spécifique est aussi conduite pour les projets concernant les activités agricoles maories. Depuis sa création, le SFF a apporté un montant total de financement de 122.7 millions NZD à plus de 900 projets (y compris les sessions de financement 2013/14).

Le SFF peut souvent agir en amorceur pour attirer d'autres financements (Oakden et al., 2014). Ce modèle de financement conjoint peut être utile pour catalyser des projets que les forces du marché et le secteur privé ne sont pas capables ou désireux de lancer, tout en permettant de financer des projets de plus grande ampleur et plus nombreux que ce que le secteur public pourrait isolément assumer.

Le SFF attire un grand nombre de candidats et est largement sursouscrit[4] chaque année (Oakden et al., 2014). En 2013/14, les demandes adressées au SFF se sont élevées à 2.3 fois le montant disponible. Cela signifie que la majorité des candidats n'ont pas obtenu satisfaction. Au total, 628 candidats différents ont reçu un financement du SFF entre 2000/01 et 2013/14. Le SFF finance des projets de taille et de coût variés. Le financement de chaque projet par le SFF est limité à 200 000 NZD par an sur sa période d'exécution. Le montant moyen est compris entre 100 000 et 150 000 NZD.

La durée des projets SFF s'étage entre quelques mois et plus de quatre ans. On notera que les projets SFF sont prévus pour une durée maximum de 3 ans et que ceux qui se poursuivent au-delà de cette limite nécessitent des avenants au contrat. La durée la plus courante est le maximum de trois ans, ce qui est le cas de plus d'un tiers des projets financés. Presque un quart des projets ne durent pas plus d'un an et 95 % des projets se réalisent en au plus quatre ans.

Des projets SFF ont été réalisés dans toutes les régions de Nouvelle-Zélande et jusqu'aux Îles Chatham. Certains projets (338) ont été conduits au niveau national. Un total de 124 projets ont aussi été conduits dans plusieurs régions à la fois. Toutefois, près de la moitié (413 projets ; 46%) ne concernent qu'une seule zone ou région.

Les projets SFF se catégorisent en 24 thèmes et un projet peut appartenir à plusieurs de ces catégories. Toutefois, près de la moitié (447 projets) ne relèvent que d'un seul thème. Le thème unique de loin le plus fréquent regroupe les projets relatifs aux maladies et parasites (105 projets ont comme thème unique les maladies et parasites). Cette catégorie est aussi la plus courante globalement, plus de 20 % des projets (189) la mentionnant comme un de ses thèmes. La gestion des décisions, la gestion d'exploitation, la gestion des cultures et le transfert de technologie sont aussi des thèmes courants, bien que souvent en association avec d'autres thèmes, et peuvent correspondre à l'adoption de recherches, technologies ou méthodes. La gestion des nutriments et la qualité de l'eau forment une combinaison de thèmes courante et constituent la préoccupation environnementale de beaucoup de secteurs primaires (notamment la production laitière) en Nouvelle-Zélande.

Les projets peuvent se rattacher à plusieurs secteurs : 16 % d'entre eux mentionnent au moins deux secteurs cibles. Toutefois, la majorité des projets (84 %) ne concernent qu'un seul secteur. La production laitière, devant le secteur général de l'horticulture, est la plus représentée dans les projets SFF, en concordance avec le fait qu'elle est le premier secteur exportateur de Nouvelle-Zélande.

Évaluation

Il est difficile d'apprécier précisément l'impact global du SFF. La grande diversité des projets financés et le manque de données complètes sur les résultats, auxquels s'ajoutent les difficultés méthodologiques, empêchent toute évaluation précise de l'impact du SFF. C'est l'inconvénient d'une réponse agro-environnementale coordonnée au niveau local où, en l'absence d'un cadre logique d'appréciation, les impacts sont souvent imputables à un grand nombre de variables.

À défaut, les évaluations ou appréciations du SFF reposent sur des enquêtes et des études de cas. Toutefois, elles indiquent globalement que les projets SFF ont produit des effets bénéfiques significatifs et ont pour la plupart atteint les objectifs fixés (Nimmo-Bell, 2009 ; Oakden et al., 2014).

Dans le cadre de l'évaluation 2014 du SFF, le Kinnect Group a adopté le point de vue des gestionnaires de projet afin d'apprécier les effets bénéfiques de ce fonds dans le secteur primaire néo-zélandais sur le plan économique, environnemental et social (Oakden et al., 2014 ; Allen, King et Oakden, 2014). Le Kinnect Group a interrogé 136 gestionnaires de projet, représentant eux-mêmes environ 400 projets, en utilisant la base de données du SFF et en réalisant 3 études de cas qui ont examiné les effets bénéfiques cumulatifs d'une série de projets mutuellement liés dans trois secteurs. L'évaluation a été réalisée entre mars et octobre 2013. On a demandé aux gestionnaires de projet si la contribution du SFF était forte, assez forte, modérée, limitée ou nulle en ce qui concerne les revenus à l'exportation, la productivité, la rentabilité et les avantages économiques[5,6]. Le Kinnect Group a estimé qu'une contribution jugée « forte, assez forte ou modérée » reflétait l'idée que le SFF avait apporté une contribution positive et cela constituait un des éléments à la base de son évaluation globale.

Les résultats de l'enquête indiquent que les avantages socioéconomiques effectifs ou potentiels du SFF ont été significatifs. Presque tous les gestionnaires de projets financés par le SFF (96 %) pensaient que ceux auxquels ils avaient participé seraient considérés comme « de l'argent bien dépensé ». Ces gestionnaires pensaient aussi que la majorité (94 %) des projets avaient produit les résultats souhaités. Une évaluation antérieure du SFF concluait aussi que, globalement, les projets financés avaient produit des effets bénéfiques notables et avaient très probablement atteint les objectifs visés (Nimmo-Bell, 2009).

Plus de la moitié des gestionnaires de projets SFF pensaient que ceux-ci avaient préservé la productivité contre des menaces potentielles (« aidé à protéger, sauvegarder ou maintenir la productivité »). Dans une proportion similaire (52 %), ils déclaraient que les projets SFF contribuaient à des gains de productivité au niveau du projet, tandis qu'environ 49 % pensaient que leurs projets avaient diffusé des gains de productivité à une échelle régionale ou sectorielle plus large. La plupart des gains de productivité se sont traduits par une meilleure rentabilité, près de la moitié (49 %) des gestionnaires interrogés déclarant que leurs projets SFF avaient contribué à une augmentation de la rentabilité au niveau du projet et environ 40 % pensant qu'ils avaient amélioré la rentabilité à une échelle régionale ou sectorielle plus large (Oakden et al., 2014).

Le SFF a contribué à la compétitivité du secteur primaire par la création de connaissances sur les bonnes techniques agricoles ou horticoles. En ce qui concerne les connaissances des agriculteurs, 88 % des gestionnaires de projets SFF pensaient que les agriculteurs participants étaient maintenant mieux informés des techniques agricoles et horticoles nouvelles ou optimales. Du point de vue de l'application effective de ces techniques, 81 % pensaient que les participants étaient maintenant mieux en mesure d'appliquer les techniques créées et diffusées. La plupart (80 %) des gestionnaires SFF pensaient aussi que les projets contribuaient à l'application réelle de ces techniques après leur mise en place (Oakden et al., 2014). Par ailleurs, 43 % d'entre eux sont d'avis que les projets SFF contribuent à la réputation « verte » de la Nouvelle-Zélande qui peut être exploitée sur les marchés internationaux.

Le SFF a fait preuve de succès dans le renforcement des pratiques environnementales des agriculteurs. Deux tiers (66 %) des gestionnaires interrogés pensaient que leurs projets avaient amélioré les pratiques environnementales chez les participants. Plus de la moitié (54%) estimaient qu'au-delà des participants aux projets SFF, ceux-ci avaient contribué à améliorer les normes ou comportements environnementaux au niveau global du secteur de l'agriculture ou des industries primaires (Oakden et al., 2014). Cet impact au niveau du secteur ou des industries était généralement lié à des initiatives agro-environnementales des entreprises agroalimentaires et d'autres organisations du secteur privé. La perception de gains économiques accompagnait celle de gains environnementaux.

Du point de vue du choix des projets, le SFF apparaissait peut-être excessivement prudent à l'égard du risque. Eu égard à l'intention déclarée du SFF de soutenir l'innovation au niveau local et au haut taux de succès des projets jusqu'à présent, le Kinnect Group (Oakden et al., 2014) a suggéré que le ministère des Industries primaires examine si son processus de candidatures ou ses critères d'évaluation des risques et de sélection n'excluaient pas certains projets prometteurs mais plus risqués, notamment concernant les Maoris.

S'agissant des effets sociaux, le SFF a contribué au développement, à l'application et au transfert des connaissances et des compétences. La plupart des gestionnaires de projets interrogés (91 %) ont déclaré que les projets SFF avaient renforcé les connaissances et les compétences des équipes (Oakden et al., 2014). Il résulte de cette influence que des groupes ou individus extérieurs à la « communauté d'intérêt » initiale des projets SFF peuvent souvent adopter les connaissances produites par ces derniers.

Oakden et al. (2014) mettent en lumière un résultat social essentiel – à savoir que les projets SFF favorisent non seulement le développement des connaissances mais aussi le transfert à d'autres communautés et parties prenantes. Le fait d'être financé par le SFF donne à un projet une plus grande crédibilité dans la collectivité en général. Les groupes de projet discutent de leurs constatations avec d'autres agriculteurs et parties prenantes, souvent dans le cadre de réunions coordonnées par le biais d'organisations d'industrie. Les résultats du SFF peuvent aussi se matérialiser par des outils de gestion susceptibles d'être adoptés par un public plus large que les participants aux projets initiaux, ou contribuer à ces instruments.

Dans leur appréciation de la « rentabilité globale » des dépenses du SFF, Oakden et al. (2014) utilisent de multiples critères (environnementaux, sociaux, culturels et économiques) et de multiples sources de données. Les projets à « forte rentabilité » se définissent par des preuves visibles d'un retour positif sur l'investissement du SFF ainsi que par une contribution crédible aux possibilités d'exportation et à l'amélioration de la productivité du secteur, une progression des pratiques écologiquement viables et une contribution à de meilleurs résultats environnementaux, sociaux et culturels. Si un retour sur investissement positif constituerait en soi une exigence assez faible, ces critères pris ensemble représentent un seuil élevé pour la définition de la rentabilité globale. De même, des définitions ont été énoncées pour la rentabilité « assez forte » ou « modérée » (Oakden et al., 2014).

Enseignements à tirer et recommandations pour l'action gouvernementale

L'analyse de la base de données des projets indique que le SFF a réussi à générer un large éventail de projets de recherche conduits par les agriculteurs. La recherche financée par le SFF s'étage entre de petits projets ciblés portant sur une zone, un secteur ou un thème particuliers et des recherches à grande échelle plus larges bénéficiant à une région ou un secteur entiers et comprenant de multiples thèmes. Le profil le plus courant correspond à un projet qui reçoit du SFF un montant de financement inférieur à 50 000 NZD, conduit sur une période de 2 à 3 ans et axé sur un seul thème et secteur. Bien que la majorité des candidats et des projets proposent une initiative isolée, le SFF offre la possibilité que des groupes fassent des candidatures multiples et que les projets se prolongent ensuite par de nouvelles recherches.

Les données disponibles ne permettent pas une évaluation économique des impacts du SFF dans son ensemble, faute d'un cadre logique d'appréciation et d'une métrique exhaustive des résultats et à cause de la grande diversité des projets financés. Une évaluation du SFF en 2014 s'est appuyée sur trois études de cas et sur une enquête auprès de 136 gestionnaires de projets (responsables d'environ 400 projets) afin de déterminer l'ampleur des effets bénéfiques pour le secteur primaire néo-zélandais sur le plan économique, environnemental et social. Il en ressort qu'une proportion stable de 46 % des gestionnaires de projets pense à différents égards que le SFF a protégé ou augmenté le potentiel économique. Plus de la moitié des gestionnaires de projets estiment que leurs projets SFF ont préservé la productivité contre des menaces potentielles (« aidé à protéger, sauvegarder ou maintenir la productivité »).

Le SFF a contribué à la compétitivité du secteur primaire par la création de connaissances sur les bonnes techniques agricoles ou horticoles ainsi qu'à la réputation « verte » de la Nouvelle-Zélande. Le SFF a fait preuve de succès dans le renforcement des pratiques environnementales des agriculteurs, deux tiers des gestionnaires interrogés estimant que leurs projets ont amélioré les pratiques environnementales des participants. Le SFF génère un certain nombre d'effets bénéfiques sociaux tels que l'intensification du dialogue entre les parties prenantes et l'utilisation accrue de la science pour surmonter les obstacles que rencontrent les agriculteurs. Les projets SFF favorisent non seulement le développement des connaissances mais aussi le transfert à d'autres communautés et parties prenantes.

L'efficacité-coût du SFF s'apprécie suivant deux angles. Le premier concerne l'efficience avec laquelle le fonds est administré, le processus de candidature au financement et de sélection des projets, les types de projets choisis et la mise à profit des recherches précédentes et en cours. Le second concerne la maximisation des résultats et impacts souhaités. Cela consiste notamment à faire en sorte que les objectifs soient clairement définis et mesurables, qu'ils soient atteints et dûment rapportés, que les constatations soient diffusées et qu'une évaluation soit conduite pour s'assurer que les projets et le SFF dans son ensemble ont durablement l'impact souhaité.

En termes d'efficience administrative, le SFF a la flexibilité nécessaire pour prolonger la durée des projets en vue de l'accomplissement des objectifs et il peut exploiter les synergies de « grappes » de projets. Toutefois, il souffre de l'incapacité d'étendre ou d'intensifier les projets après l'acceptation initiale, d'une approche des risques trop prudente et d'un coût d'opportunité notable lié à la sursouscription du financement. Du point de vue de l'effectivité et de l'évaluation des résultats et des impacts, des rapports de fin de projet et post-projet multidimensionnels seraient nécessaires ainsi qu'une diffusion plus large et plus efficace des constatations.

Un défi important pour le SFF sera d'élaborer des mécanismes et processus supplémentaires pour la vulgarisation post-projet afin de maximiser les effets bénéfiques potentiels de son portefeuille de projets en encourageant l'adoption et la poursuite de l'innovation.

Malgré l'appréciation positive de l'impact du SFF sur la productivité et la rentabilité mentionnée ci-dessus, l'analyse approfondie de la série des questions du Kinnect Group sur les résultats économiques a montré qu'un quart des gestionnaires de projets ne connaissaient pas les résultats économiques de leurs projets, ou pensaient que ce sujet ne leur était pas applicable. Cela révèle une lacune potentielle en matière de durabilité pour certains agriculteurs (c'est-à-dire l'omission d'un des trois critères de durabilité du SFF relatifs aux aspects économiques, sociaux et environnementaux) quand les résultats économiques ne sont pas pris en considération et évalués au niveau des projets. Cela peut aussi impliquer que les avantages environnementaux et sociaux, auxquels il est difficile d'attribuer une valeur monétaire, l'emportent de loin sur les avantages économiques.

Les gestionnaires de projets interrogés dans l'enquête déclarent aussi que le ministère des Industries primaires pourrait faciliter la dissémination des constatations et des recommandations issues des projets SFF en jouant le rôle d'une plaque tournante assurant systématiquement la diffusion de ces enseignements à travers les frontières des projets et des secteurs. L'impression globale était qu'il fallait que le ministère des Industries primaires communique plus efficacement au public les constatations des projets.

Enfin, les études d'évaluation existantes souffrent d'un certain nombre de limitations méthodologiques qui réduisent leur capacité d'apprécier rigoureusement l'impact global du SFF. Par exemple, les réponses des gestionnaires de projets aux questions concernant leur confiance dans les contributions apportées par leurs projets donnent seulement l'indication générale que le SFF a une perspective crédible d'offrir un retour sur investissement positif, mais cette impression ne peut être directement corroborée par les données existantes. Une enquête parallèle auprès des « communautés d'intérêt » aurait pu valider l'opinion des gestionnaires de projets, qui peuvent montrer un biais de positivité et avoir tendance à rapporter de bons résultats du fait que le SFF est une source de financement pour de multiples projets.

Notes

1. Prime-Vert est le principal programme agro-environnemental au Québec. Il apporte une aide financière pour la construction de structures d'entreposage du fumier et un soutien aux clubs-conseils agro-environnementaux.
2. www.feedadviserregister.org.uk/.
3. Par « agriculteurs », on entend ici les agriculteurs, horticulteurs, forestiers et aquaculteurs et cela couvre les propriétaires et les gestionnaires d'exploitation.
4. La sursouscription concerne le ratio entre les projets candidats (en valeur monétaire) et le financement total accordé. On ne connaît pas le ratio entre le nombre de candidats ou de projets et le nombre de ceux qui obtiennent un financement.
5. On notera qu'il n'y avait pas de question sur les impacts environnementaux.
6. On ne sait pas si les projets ont été choisis de façon aléatoire ni quelle est la période couverte (par exemple, les projets à partir de 2001 ou ceux récemment achevés à partir de 2009).

Bibliographie

Agriculture et Agroalimentaire Canada (AAC) (2013), *Cultivons l'avenir 2*, www.agr.gc.ca/fra/a-propos-de-nous/initiatives-ministerielles-importantes/cultivons-l-avenir-2/?id=1294780620963.

AAC (2008), *Cultivons l'avenir : accord-cadre fédéral-provincial-territorial sur une politique agricole, agroalimentaire et des produits agro-industriels*

ADE (Aide à la décision économique) (2009), *Evaluation of the Implementation of the Farm Advisory System.* ADE en collaboration avec l'ADAS, Agrotec et Evaluators EU, Belgique, ec.europa.eu/agriculture/eval/reports/fas/index_en.htm.

Acil-Tasman (2010), *Impact of Investment in Research and Development by the Rural Research and Development Corporations*, Acil-Tasman Pty. Ltd. Canberra, www.ruralrdc.com.au.

Acil-Tasman (2008), *Measuring Economic, Environmental and Social Returns from Rural Research and Development Corporations' Investment*, Acil-Tasman Pty. Ltd. Canberra, www.ruralrdc.com.au.

Allen (2012), *Evaluation of the National primary Industries RD&E Framework*, Allen Consulting Group, www.npirdef.org/cms news/article/1/9.

Allen, W., J. King et J. Oakden (2014), *Three case studies: companion document to the Evaluation of the Sustainable Farming Fund* – prepared for Ministry for Primary Industries, Wellington : Kinnect Group.

Alliance Environment (2007), *Evaluation of the application of cross compliance as foreseen under Regulation 1782/2003, Part I: Descriptive Report – Final,* ec.europa.eu/agriculture/eval/reports/cross_compliance/full_text_en.pdf.

Alston, J., M. Andersen, J. James et P. Pardey (2011), « The Economic Returns to U.S. Public Agricultural Research », *American Journal of Agricultural Economics*, vol. 93, n° 5.

Bell, B. et M. Yap (2015), "The Performance of the Sustainable Farming Fund in New Zealand", document interne de l'OCDE.

Birner, R., K. Davis, J. Pender, E. Nkonya, P. Anandajayasekeram, J. Ekboir, A. Mbabu, D. Spielman, D. Horna, S. Benin and M. J. Cohen (2006), *From "best practice" to "best fit": a framework for designing and analyzing pluralistic agricultural advisory services worldwide.* EPTD Discussion Papers 05, International Food Policy Research Institute (IFPRI), Washington.

Charatsary, C., A. Papadaki-Klaudianou et A. Michailidis (2011), « Farmers as consumers of agricultural education services: willingness to pay and spend time », *Journal of Agricultural Education and Extension*, vol. 17, n° 3.

Commission européenne (CE) (2010a), Rapport de la Commission au Parlement européen et au Conseil concernant l'application du système de conseil agricole défini aux articles 12 et 13 du règlement (CE) n° 73/2009 du Conseil, COM(2010) 665 final, Commission européenne, Bruxelles, http://eur-lex.europa.eu/legal-content/FR/TXT/?uri=CELEX%3A52010DC0665.

CE (2010b), Main issues and evaluation of the implementation of the Farm Advisory System (FAS) in Member States, DG Agriculture and Rural Development – Unit D3, FAS Workshop – Barcelone 10 juin 2010.

Cuevas-Cubria, C., C. Gibbs, K. Nossal, E. Gray, M. Oss-Emer, M. Lawson et K. Davidson (2012), *Measuring and reporting trends relating to the performance of Australia's rural RD&E system*, rapport rédigé par l'ABARES pour l'Agricultural Productivity Division, Department of Agriculture, Fisheries and Forestry, Canberra, juin.

Damianos, D. (2015), "An Analysis of the Performance of Farm Advisory Services as related to Fostering Green Growth – The Case of Greece", document interne de l'OCDE.

Department for Environment, Food and Rural Affairs (DEFRA) (2013), *Review of environmental advice, incentives and partnership approaches for the farming sector in England*, www.gov.uk/government/publications/review-of-environmental-advice-incentives-and-partnership-approaches-for-the-farming-sector-in-england.

DEFRA (2010), *Agricultural Advisory Services Analysis*, juillet. archive.defra.gov.uk/foodfarm/landmanage/climate/documents/advisory-analysis.pdf.

DEFRA (2008), *Environmental Stewardship Review of Progress, Defra and Natural England.* Department for the Environment, Food and Rural Affairs, Londres, collections.europarchive.org/tna/20081027092120/http://defra.gov.uk/erdp/schemes/es/es-report.pdf.

Department of Agriculture, Fisheries and Forestry, Commonwealth of Australia (2008), *Making a difference: A celebration of Landcare.* www.daff.gov.au/natural-resources/landcare/publications/making_a_difference_a_celebration_of_landcare.

Diakosavvas, D. (2011), Greening Agricultural Policies in OECD Countries: What Role for Cross Compliance?, Direction des échanges et de l'agriculture de l'OCDE, Séminaire du PRIMAFF, Tokyo.

Dwyer, J. et M. Reed (2015), "Promoting Green Growth in English and Welsh Agriculture: Evaluating the Role of "Soft Measures" – Training, Advice and Extension", document interne de l'OCDE.

Eilers, W., R. MacKay, L. Graham et A. Lefebvre (dir. pub.) (2010), « L'agriculture écologiquement durable au Canada : Série sur les indicateurs agroenvironnementaux - Rapport n° 3 », Agriculture et Agroalimentaire Canada, Ottawa, Ontario.

Ekboir, J. (2003), « Why Impact Analysis Should Not Be Used for Research Evaluation and What the Alternatives are », *Agricultural Systems*, vol. 78.

Eurostat (2013), *Agri-environmental indicators – Farmers' training level and use of environmental farm advisory services*, epp.eurostat.ec.europa.eu/statistics_explained/index.php/Agri-environmental_indicator_-_farmers%E2%80%99_training_and_environmental_farm_advisory_services.

Framework (2014), National Primary Industries RD&E Framework, http://www.npirdef.org.

Gibbs, C. (2013), « The Value of Advice Report », Peterborough : Agricultural Industries Confederation Ltd, Peterborough, Royaume-Uni.

Grant, A. (2012), « Australia's approach to rural research, development and extension », dans OCDE (2012), *Improving Agricultural Knowledge and Innovation Systems – OECD Conference Proceedings*, Éditions OCDE, Paris, DOI : hdx.doi.org/10.1787/9789264167445-en.

Gray, E., M. Oss-Emer et Y. Sheng (2014), *Past Reforms and Future Opportunities*, Australian Bureau of Agricultural and Resource Economics and Sciences (ABARES), Research Report 14.2, Canberra.

Kefford, B. et C. Noble (2015), "Australian Primary Industries Research, Development and Extension System – Its Evolution, Features and Impacts on Green Growth Objectives", document interne de l'OCDE.

Laurent, C. et P. Labarthe (2011), « Économie des services et politiques publiques de conseil agricole », *Cahiers Agricoles*, vol. 20, n° 8 5, septembre-octobre, pp. 343-351.

Lioutas, E.D., I. Tzimitra-Kaloyianni et C. Charatsari (2010), « Small Ruminant Producers' Training Needs and Factors Discouraging Participation in Agricultural Education/Training Programs », *Livestock Research for Rural Development*, vol. 22, n° 7.

MacDonald, N., J. Dwyer et al. (2006), "The influence of produce protocols on water use and land management. EA project A20: Project report to the Environment Agency of England and Wales par ADAS et CCRU", (non publié), février 2006.

Mills, J., N. Lewis et J. Dwyer (2010), « The Benefits of LEAF Membership: a qualitative study to understand the added value that LEAF brings to its farmer members », CCRI, Gloucester.

Ministère du Développement rural et de l'Alimentation (Grèce) (2012), *Plan stratégique national 2007-13* (en grec).

Natural England (2014), Making Environmental Stewardship More Effective (MESME), Defra – Natural England 2008, NE, Peterborough.

Nimmo-Bell (2009), *Evaluation of Sustainable Farming Fund Projects,* rédigé pour le MAF Sustainable Farming Fund, Nimmo-Bell & Company Ltd, Nouvelle-Zélande.

Oakden, J., J. King et W. Allen (2014), *Evaluation of the Sustainable Farming Fund: Main Report* – prepared for : Ministry for Primary Industries. Wellington : Kinnect Group.

OCDE (2015a), *Innovation for Agriculture Productivity and Sustainability: Review of Australian Policies*, à paraître.

OCDE (2015b), *Innovation for Agricultural Productivity and Sustainability: Review of Canadian Policies*, à paraître.

OCDE (2012), *Improving Agricultural Knowledge and Innovation Systems – OECD Conference Proceedings*, Éditions OCDE, Paris, doi: dx.doi.org/10.1787/9789264167445-en.

O'Loughlin, L. (2012), « Development of Discussion Groups and Mobilizing Farmer Participation, Teagasc, Best Practice in Extension Services Conference – Supporting Farmer Innovation », Conference Proceedings, 1er novembre, Dublin, www.teagasc.ie/publications/view_publication.aspx?PublicationID=1590.

Pearce, D. et E. Willliams (dir. pub.) (2010), *Seeds for Change. Action Learning for Innovation*, Menter a Busnes, Aberystwyth.

Prager, K., Creaney, R. et A. Lorenzo-Arribas (2014), « Advisory services in the United Kingdom: Exploring "fit for purpose" criteria », *The James Hutton Institute*, Craigiebuckler, Aberdeen, Écosse, Royaume-Uni.

Productivity Commission (2011), *Rural Research and Development Corporations*, Report No. 52, Final Inquiry Report, Canberra, www.pc.gov.au/projects/inquiry/rural-research.

Reed, M. et P. Courtney (2013), « Developing farm-level social indicators: Measuring their networks, well-being and capacity for social innovation », document présenté au XXVe congrès de l'European Society for Rural Sociology (ESRS), Florence, Italie.

Sheng, Y., E. Gray, J. Mullen et A. Davidson (2011), *Public investment in agricultural R&D and extension: an analysis of the static and dynamic effects on Australian broadacre productivity*, Australian Bureau of Agricultural and Resource Economics and Sciences (ABARES), Canberra.

Statistique Canada (STC) (2011), *L'enquête sur la gestion agroenvironnementale*, Ottawa, Canada.

STC, (2007), *Gestion environnementale des fermes au Canada.* www5.statcan.gc.ca/olc-cel/olc.action?ObjId=21-021-M&ObjType=2&lang=fr&limit=0.

Summers, R., R. Plummer et J. FitzGibbon (2008), « Accounting precautionary measures in agriculture through pathway analysis: the case of the Environmental Farm Plan », *Journal of Agricultural Resources, Governance and Ecology*, vol. 7, n° 6.

Tchuisseu, R. et P. Labarthe (2015), "Investing in Knowledge to Support the Adoption of Environmentally-friendly Practices: Lessons Learned from the Canadian Growing Forward Program", document interne de l'OCDE.

ORGANISATION DE COOPÉRATION ET DE DÉVELOPPEMENT ÉCONOMIQUES

L'OCDE est un forum unique en son genre où les gouvernements oeuvrent ensemble pour relever les défis économiques, sociaux et environnementaux que pose la mondialisation. L'OCDE est aussi à l'avant-garde des efforts entrepris pour comprendre les évolutions du monde actuel et les préoccupations qu'elles font naître. Elle aide les gouvernements à faire face à des situations nouvelles en examinant des thèmes tels que le gouvernement d'entreprise, l'économie de l'information et les défis posés par le vieillissement de la population. L'Organisation offre aux gouvernements un cadre leur permettant de comparer leurs expériences en matière de politiques, de chercher des réponses à des problèmes communs, d'identifier les bonnes pratiques et de travailler à la coordination des politiques nationales et internationales.

Les pays membres de l'OCDE sont : l'Allemagne, l'Australie, l'Autriche, la Belgique, le Canada, le Chili, la Corée, le Danemark, l'Espagne, l'Estonie, les États-Unis, la Finlande, la France, la Grèce, la Hongrie, l'Irlande, l'Islande, Israël, l'Italie, le Japon, le Luxembourg, le Mexique, la Norvège, la Nouvelle-Zélande, les Pays-Bas, la Pologne, le Portugal, la République slovaque, la République tchèque, le Royaume-Uni, la Slovénie, la Suède, la Suisse et la Turquie. La Commission européenne participe aux travaux de l'OCDE.

Les Éditions OCDE assurent une large diffusion aux travaux de l'Organisation. Ces derniers comprennent les résultats de l'activité de collecte de statistiques, les travaux de recherche menés sur des questions économiques, sociales et environnementales, ainsi que les conventions, les principes directeurs et les modèles développés par les pays membres.

ÉDITIONS OCDE, 2, rue André-Pascal, 75775 PARIS CEDEX 16
(51 2015 04 2 P) ISBN 978-92-64-23513-7 – 2015-01

www.ingramcontent.com/pod-product-compliance
Lightning Source LLC
LaVergne TN
LVHW081413110826
845149LV00010B/1733

* 9 7 8 9 2 6 4 2 3 5 1 3 7 *